工作必勝!!戰國策

最亂的時代，最好的教材

翻開戰國策，最好的工作絕招都在這裡

王竹語◎著

好讀出版

序

最亂的時代，最好的教材

《戰國策》整本書說的是戰國時代歷史人物的史事紀錄。特別是其中有一群人，在政治、軍事、外交各方面，運籌帷幄、爾虞我詐、落井下石等各種機巧言智的故事。

運籌帷幄、爾虞我詐、落井下石，這些事你也許不屑，但你必須承認：要做這些事可真不容易。

《戰國策》不是在某一時期的某一地點，由某個人獨力完成。它是劉向編的書，劉向依其國別，略以時間編次，定名為《戰國策》。我常覺得，如果劉向活在今日，他一定是最出色的出版社總編輯，能在今天有點蕭條又有點混亂、充滿危機還帶有商機的出版市場殺出一條血路。

殺出一條血路，對，就是這句話。路不好走是一回事，每個人都有自己的十字架要揹。但除非你是含著金湯匙出生，否則你就一定要上班。

要上班，就要知道該怎麼上班。而這本書，就是教你怎麼上班。

什麼？上班還要學？那上學要不要學？上班當然要學，如果把上班當上學，你很快就要轉學了，轉學還好，說不定還會被退學，終生畢不了業。

為什麼學上班要用《戰國策》？

由於不成於一時、一地、一人之手，所以《戰國策》裡的故事有誇張、虛構、不合史實、刻意加工痕跡。因為時代混亂，戰爭不斷，小國滅亡，指日可待，所以各類謀臣、策士、說客，揣摩人主心理，細膩地調整自己的想法和做法，出其不意、精心策劃、嚴格執行，設法在那個混亂的時代生存、茁壯、受重用。

我不鼓勵學壞，但知道對方如何使壞，不也是保護自己的方法之一嗎？對方使壞是他的事，但職場關係妙就妙在他的事會不知不覺演變成他跟你的事，然後莫名其妙地你們的事通常最後會變成只剩下你自己的事——離職。誰叫你沒他壞？活該！

教育不是教人他不知道的東西，而是教他們沒有做的事。職場只有兩件事：第一，說話。第二，做事。跟人互動，不管同事上司，就是離不開這兩件事。這本《工作必勝！戰國策》，與其說是告訴你怎麼做，不如說是提醒你別人會怎麼做。

別人怎麼做，關我什麼事？

如果別人做壞，我可以知其意圖，保護自己；如果別人做好，我就見賢思齊，努力追趕。

法國思想家蒙田說：「我為了使我的論說更強更有力起見，我借用了許多別人的觀點，讓別人來論說我無法論得那麼好的地方，讓別人的論說來替代我文字的弱點，讓別人來論說我了解不夠透澈的地方。」

這話真逗，因為我正好相反。我寫文章喜歡大量引用自己的話，使文章更添智慧與情趣。

王竹語

二〇〇七年六月七日

丁亥豬年端午節前夕，邊吃粽子邊校稿子，於台北沒有人欠你一份工作！

～英特爾總裁・安迪葛洛夫

工作必勝!!戰國策

目錄

思考三 ● 你是鳥？飛給我看！

思考四 ● 可以不計較嗎？

思考五 ● 搖椅與胃

思考六 ● 吃比瘦更有福

思考 1

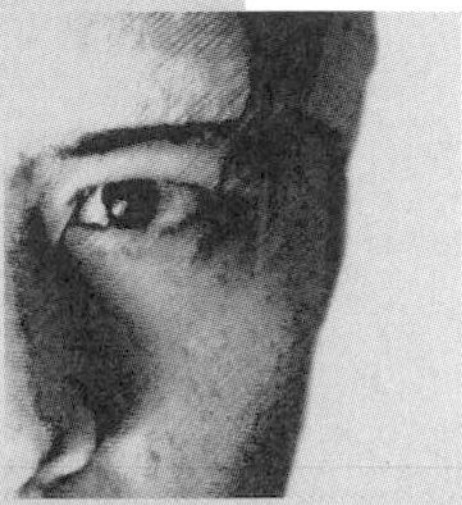

耐不住酷熱，滾出廚房

「這個社會不只是為好人存在的。」

這是所有投入職場的人都應該知道的第一課。

第1計

職場一〇一：你在職場，不在天堂

荀子曾說過一個故事：

鯈魚和鮢魚，都喜歡浮在水面上曬太陽，所以也稱為浮陽之魚。有一次，鯈和鮢又在那裡隨波逐流，曬暖取樂，不知不覺順著潮水漂向沙灘。退潮時，牠們依然留連忘返。直到潮水退盡，才發現自己擱淺在沙灘上，想再回到水裡，已悔之不及。面臨死亡的憂患，才懂得行動謹慎，但已毫無效用了。

荀子說完故事後，很感慨地說：有自知之明的人，不會怪怨別人；懂得事物規律的人，不會埋怨上天。那些怨人的，多是智低才疏；那些怨天的，往往胸無大志。錯在自己，反而責怪別人，這不是過於迂腐荒謬嗎？

如果你在職場中，對人性感到很氣憤，《戰國策．齊策四》孟嘗君的故事可以給你一些啟示。

孟嘗君一度被齊放逐，現在又要回國了。齊人譚拾子特別到邊境去迎接，問孟嘗君：「先生怨恨齊國士大夫們嗎？」

「當然！」孟嘗君咬牙切齒地回答。

「要不要把他們殺死來洩恨呢？」

「最好是這樣！」孟嘗君十分肯定。

譚拾子說：「事情有必定發生的，情理有固定不變的，先生知道嗎？」

「不知道。」

「事情必定要發生的就是『死』，情理固定不變的就是『富貴就投靠，貧賤就離開。』」譚拾子繼續說：「就拿市場來比喻吧！早晨市場人潮洶湧，晚上卻空無一人。這並非人們在早晨就喜歡市場或到了晚上就憎恨市場，只因所需要的在市場，所以人們都來了；所需要的不在那裡，所以人們都離開了。請不要怨恨他們吧！」

於是孟嘗君就拿出所怨恨的五百個黑名單，當著眾人面前點火燒了，從此不再提怨恨誰的事。

～齊策四．孟嘗君逐於齊而復反

＊＊＊

美國總統杜魯門的名言：「耐不住酷熱，滾出廚房。」我願意改寫一下：「耐不住難過，滾出職場。」就像故事裡的孟嘗君，因為看到人性最醜陋的一面而忿忿不平，譚拾子勸他說，別再氣了，這就是人生。

這就是人生，別再氣了。這裡是職場，不是天堂。

我很喜歡一個猶太故事：

有個男人在玩具店買耶誕節禮物給兒子，他是有名的數學家，所以店員推薦他益智拼圖。這個漂亮的拼圖令數學家躍躍欲試，但他試了又試、試了再試，汗流浹背，眉頭緊皺。一分一秒過去，他離完成似乎越來越遠。店裡所有的顧客和售貨員都圍觀著，他卻無法完成拼圖。最後他放棄了，並對店員大叫：「如果連我這個數學家都無法解出來，我的小孩又怎能辦得到？」

店員溫言道：「先生，你不了解，這個遊戲就是無解的，不管你是不是數學家。」

數學家奇道：「無解？設計一個無解的益智遊戲來給小孩做什麼？」

店員說：「因為這個設計，小孩在一開始就可以學習生命是無法解答的、無法了解的。」

人性無解，所以在職場你永遠會生氣。毛澤東說得好：「在溫室裡培養出來的東西，不會有強大的生命力。」吃不得苦，忍不得羞，禁不得辱，那你可以考慮不要踏入職場。你當然會難過、有挫折感，覺得天快塌了，但有時你覺得天快要塌下來了，其實是你站歪了；不要裝作堅強，要真的堅強，受人憐憫絕對會讓你失去力量。別怕失敗，每次的失敗中，都有成功的種子；被毛毛蟲認定的世界末日，大師們稱之為蝴蝶。

舉例來說，你一進公司沒得罪誰，但就有人看你不順眼，他就是不喜歡你，你怎麼辦？

怎麼辦？你可以離職，讓他稱心如意，也可以繼續留下，那你每次出現對他來說都是折磨。分分秒秒，無時無刻。

當戰爭找上你，損失就不是你能估計的。但是，請記住：「這個社會不只是為好人存在的。」這是所有投入職場的人都應該知道的第一課。

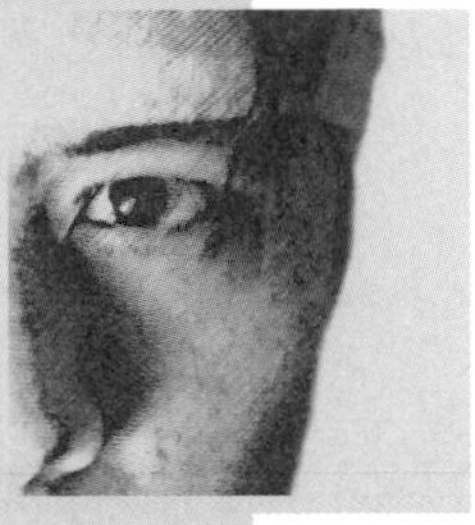

思考 2

你也許是個彬彬君子，但這並不是個彬彬有禮的時代

在職場我們一定都遇過這樣令人生氣的人：怎麼講都講不聽，好像耳朵灌了水泥似的。恨不得罵他豬，然後在他嘴裡塞顆橘子，叫他趴在地上。對無禮的人有時真不能以常理對之。

第2計

你也許是個彬彬君子，但這並不是個彬彬有禮的時代

在職場我們一定都遇過這樣令人生氣的人：怎麼講都講不聽，好像耳朵灌了水泥似的。恨不得罵他豬，然後在他嘴裡塞顆橘子，叫他趴在地上。

這時候怎麼辦？對方不是聽得懂暗示的人，難不成我們還要租一架小飛機，掛上橫幅，上面寫「你得罪我了，而且我很不爽」，然後在辦公室外的天空盤旋？

如果好好的話對方聽不進去，建議不妨可以用諷刺的。對無禮的人，有時真不能以常理對之。《戰國策．韓策一》裡的顏率就很擅長此道。

周臣顏率想面見韓相公仲，公仲卻不願見他。顏率就對公仲的禮賓說：「公仲一定認為我撒謊，所以不願意見我。公仲喜好女色，我卻說他偏愛人才；公仲一毛不拔，我卻說他樂善好施；公仲品德不好，我卻說他可以做好人好事代表。從今以後，我將據實而言了。」禮賓轉告公仲，公仲立刻出來迎接顏率。

～韓策一・顏率見公仲

＊＊＊

公仲對顏率不理不睬，這是最嚴重的輕蔑。最後逼得顏率說反話，既然好好說「正話」對方聽不進去，只好說「反話」加以諷刺。

老張有一天搭乘公車，那位司機一下子猛踩油門，一下子猛踩剎車，使全車的人東倒西歪，有些站著的人甚至還摔在地上。

老張要下車時，輕聲對司機說道：「你這部車的剎車皮很銳利，它的離合器也很靈活。」

司機聽了先是愣了一下，然後對老張說：「我從來沒有被罵得這麼痛快過。」

說反話，表面上「讚美」你，其實挖苦你，要你改進。再看《戰國策．楚策三》裡的記載：

蘇秦到楚國去辦外交，三個月才見到楚威王。談完公務，蘇秦立刻告辭，要到趙國。威王說：「寡人聽到先生的大名，就像聽到古人那樣肅然起敬。現在先生既然千里迢迢來到這裡，卻不肯多逗留幾天，究竟是什麼原因呢？」

蘇秦回答說：「楚國的食物比玉石還要貴，薪柴比桂樹還要貴，通報的人比鬼魂還要難見，大王比天帝更難見到。現在大王要叫我吃玉石、燒桂樹、透過鬼魂而見天帝嗎？」

「先生請先回去休息吧！寡人會改進的。」

～楚策三・蘇秦之楚三月

楚威王對蘇秦愛理不理，三個月才召見，惹火了蘇秦。對待他人，最壞的不是懷恨人家，而是冷淡人家，這是對人家最嚴厲的行為。我們自己的意見被批評、被否決、被嘲笑，我們都可以忍受，但是我們辛苦企畫的心血沒人理，無人聞問，那打擊就大了。

有位女士匆忙地跑去向警察說：「警察先生，街角那個男人惹惱了我。」

「我一直在監視，」那警察說：「那個男的甚至沒有在看妳。」

「啊?」那女士說:「這還不夠惹惱我嗎?」

對一個人視而不見,是對他最大的打擊。漠然是最高境界的輕蔑;適時地顯出輕蔑,有時也是必須的。因為你也許是個彬彬君子,但這並不是個彬彬有禮的時代。對方無禮,只好以非常理態度對之。

人生的快樂不是得來的,是停止自我痛苦之後產生的。別把他人行為往自己身上攬,會累死,尤其是別人那些對自己莫名其妙的無禮行為。

第3計 耍心機之必須

美國五星上將馬歇爾（1880-1959）在他駐地的一次酒會後，請求一位小姐答應讓他送她回家。

這位小姐的家就在附近不遠，可是馬歇爾過了一個多小時的車程才把她送到家門口。

「你剛來這裡不久吧？」她問，「你好像不太認識路似的。」

「我不敢那樣說，如果我對這地方不熟悉，我怎麼能夠開一個多小時的車，而一次也沒有經過妳家門口呢！」馬歇爾微笑著說。

這位小姐後來嫁給了馬歇爾。

你想要得到的東西，大多不會白白送上門。要得到想要的，必須要用心，要用心機。《戰國策．趙策四》裡的樓緩，用心機讓老闆相信他。

樓緩將出使他國，卻心事重重。辭行時他對趙惠文王說：「我雖然掏心掏肺，忠貞不二，也許今生不能再拜見大王了。」

趙惠文王說：「這是什麼話呢？我本來就要寫信厚託賢卿去辦事哪！不用擔憂，出去會很順利的。」

樓緩說：「大王沒聽說過公子牟夷在宋國的遭遇嗎？公子牟夷位高權貴，後來文張在宋國受到寵愛，中傷公子牟夷，宋國人也就信以為真。現在我跟大王的關係，還不如公子牟夷跟宋的關係。而討厭我的人數又遠超過文張，所以說我今生恐怕見不到大王了。」

「放心去吧！我保證絕不聽信毀謗賢卿的讒言。」

於是樓緩出使他國。不久樓緩真的造反，逃往魏國。當樓緩剛有反叛的跡象時，就有諜報人員向趙王進言。趙王卻不採信：「我已經和樓緩談過這問題了。」

～趙策四．樓緩將使伏事辭行

＊＊＊

樓緩的心機實在夠深的，對趙王先打預防針。也許你不喜歡耍心機，但很多事就是要技巧地處理。《戰國策．燕策一》又提到，耍心機之必須：

燕王對蘇代說：「寡人很討厭騙子的那一套兩面手法。」

蘇代回答說：「周地看不起媒人，因為媒人兩頭說好話：到男家說女方貌美，到女家說男方有錢。然而按周地的風俗，男子不能自行娶妻；年輕女子沒有媒人說媒，到老都不能出嫁；不靠媒人，自己出去推銷自己，說破了嘴皮也嫁不出去。順應風俗就不會壞事，想要出嫁又不費唇舌，只好找媒人了。況且參與政事，離開權術就不能成事，不靠權術就不能成功。讓人坐享成功，就是靠那些騙子。」

燕王說：「你說得太好了。」

～燕策一．燕王謂蘇代

再可笑的謊話也會有人信。如果一個人要說謊，他永遠不愁找不到一個不相信他的人。相信謊話的人永遠比相信真理的人多。

波蘭著名詩人米洛斯（Czeslaw Milosz）說：「如果你非要遇見魔鬼不可，

你便會遇見他們。」想找天使嗎？可以！但必須先和魔鬼打交道，因為魔鬼也住天堂，長伴天使。所以，如果沒有見過魔鬼，即使是遇到天使時也認不出來。

「和魔鬼打交道」顯然是一種練習，一種必要之練習，一種免疫力之培養。

我不鼓勵學壞，但知道對方如何使壞，不也是保護自己的方法之一嗎？對方使壞是他的事，但職場關係妙就妙在他的事會不知不覺演變成他跟你的事，然後莫名其妙地你們的事通常最後會變成你自己的事——離職。誰叫你沒他壞？活該！

所有地方都有不懷好意的人，所有好人都會不懷好意。

第4計

溝通的創意

美國路易斯安那州政治家鄂爾隆曾說過關於溝通的層次：

- 可以打電話就不用寫信。
- 可以當面講清楚就不要打電話。
- 可以微笑就不必講話。
- 可以眨眼就不必微笑。
- 可以點頭連眨眼都不用眨了。

他把溝通的境界一層一層說得清楚極了，溝通的最高境界是點點頭，心有靈犀，一點就通。到了這種境界，繁文縟節都一概省略，虛情假意也煙消雲散。英文「溝通」（Communication）在拉丁文中原有「共享」（Share）之意，若彼此無法同享，就不是溝通的真諦。職場上，我們常常遇到：「這個人怎麼這麼難溝通？」其實，「難溝通」還算好的，有的是根本不讓你溝通，讓你莫可奈何，傷透腦筋。《戰國策．齊策一》的故事：一個人關閉了溝通之門，另一人別出心裁，來點創意。

靖郭君打算築高封邑薛城時，很多賓客來勸他打消念頭。靖郭君很不耐煩，囑令傳達的人：「誰再要求見我，我就翻臉。從現在開始，不要再通報誰要見我了。」

齊國有個人來求見說：「我見靖郭君時，只說三個字；要是多說一個字，讓我被煮到死。」

靖郭君感到新奇，就答應接見他。這個客人快步走到靖郭君面前，一字一頓說：「海——大——魚。」說完，轉身就走。

靖郭君連忙叫住他：「喂！你別走啊！你把話說清楚再走，什麼海大魚、陸小魚的啊？」

客人回答說：「小的不敢拿生命來開玩笑。」

「不煮你，請詳加解說。」靖郭君催促他。

客人說：「您沒聽說過海裡的大魚嗎？大魚就算大到魚網不能夠抓牠、魚鉤不能夠牽動牠；然而，一旦自己不知死活，離開了水，那麼連小螞蟻都能隨心所欲享用牠了。如今齊國是閣下的水，閣下能夠永遠保有齊國，那還要薛城做什麼呢？如果失掉齊國，即使把薛城的城牆修得高聳入雲，還是沒有一點用處的。」

靖郭君認為很有道理，於是停止修築薛城。

～齊策一．靖郭君將城薛

＊＊＊

靖郭君關閉了溝通之門（我們在職場常常不經意這麼做，或是看到同事刻意這麼做）。靖郭君大概是想：「人越是相信別人可以改變自己的想法，改變就越慢發生。」所以乾脆關閉了溝通之門。

為什麼封閉了溝通之門？有幾種可能：一是因為覺得自己意見最好，不用再溝通。二是認為自己一定要做到，溝通只是妨礙進行、多此一舉。三是出在想溝通的人身上：方法用錯了。

故事裡，這個客人顯然聰明，知道不能循規蹈矩。人家都已經蠻不講理，我只好別出心裁，來點創意。

結果是：創意贏了。總的來說，掌握職場溝通的藝術，原則有五：

第一，**專心聽對方說話**。讓說者覺得受到尊重，對別人的苦難要同情，對自己的苦難要忍耐。

第二，**不要一直打斷他人的談話**。你能理解別人，並不意味著別人也可以理解你。這不但是人之常情，更是神之常情。

第三，**如果對方說錯話，不要當場指正**。等他說完，再提出你的想法；很可能他對，你錯；他沒機會表達清楚，你有潛力誤解別人。

第四，**如果自己說錯話，立即道歉**。你以為無傷大雅的錯話正是大大傷了彼此感情的起因。有三個字雖然簡單，卻有撫慰人心的力量：「對不起。」心存善意，釋出善意，你不會後悔的。

第五，**不要表現出優越感**。認為別人不如你，這種無聊的優越感只會令對方反感。傷人最快最有效的方法就是傷他自尊，尤其在職場。

王爾德說：「當別人同意我的話時，我永遠感覺我的話一定是錯的。」看來他要不是信心不足，就是激發別人溝通創意的高手。有爭執才需要溝通，關於職場爭執，無論你站在爭論的哪一邊，你都會發現有一些你希望跟你站同一邊的人都站在另一邊。那好，辯論吧。可是，辯論又怎樣？辯贏只是代表你有理，但職場上有理不表示一定你贏。
很妙吧？

第5計

間接說服法

・戰爭只有兩種人：不在乎輸贏的人，認為自己對的人。如果自己都對自己沒信心，如何說服別人？

・說到說服力，你見過肥肥的健身教練嗎？或是你走進任一家百貨公司一樓專櫃，有看過蓬頭散髮、臉上無妝的專櫃小姐嗎？如果自己說服力都不夠，如何說服別人？

・說服別人不容易，你唯一的方法就是想想你崇拜的人是怎麼說服你的。

有些話自己說不如別人說的效果好。換句話說，想說服你同事或主管，有時侯不是直接去說服他，是說服第三者，讓第三者去說服你想說服的人，這種「間接說服法」的威力和功效，不下於自己親自說服。《戰國策．楚策二》的故事。

楚懷王拘留張儀，想要殺死他來洩被欺之恨。懷王的佞臣靳尚對懷王說：「拘留張儀，秦惠文王必定憤怒；天下諸侯一看楚國失去了秦國盟邦，楚國的國際地位就低落了。」

靳尚又去向懷王的寵妃鄭袖說：「妳可知道快要失寵於大王嗎？」

「為什麼？」鄭袖急著問。

靳尚慢慢地說：「張儀是秦王最忠信有功的臣子，現在被拘留在楚國，秦王想救他，一定會把美麗的公主嫁到這，不只如此，陪嫁之女更是姿色動人，多才多藝。各種金銀財寶那是不用說的，我看還要再加上六縣的封地，經由張儀獻給大王。大王必定寵愛秦國公主，而秦國公主也將自抬身價；加上寶物與封地，她被冊立為后，指日可待。大王沉迷聲色，妳的地位不保，岌岌可危。」

「閣下幫個忙吧！我該怎麼辦呢？」鄭袖著急地說。

靳尚說：「妳趕快建議大王釋放張儀！張儀如果被釋放，對妳感激不盡，秦國的公主就不會來，秦國必定記妳這筆人情。妳在國內，地位提升，在國外又有秦國的交情，並且留個張儀可供驅遣，妳的兒子必定成為楚國太子，這可不是一件普通的利益呀！」

鄭袖立刻去纏住楚懷王，懷王就把張儀釋放了。

～楚策二．楚懷王拘張儀

＊＊＊

靳尚早有認知，楚懷王未必聽他的，所以勸了之後，鍥而不捨，深謀遠慮地找上了懷王的寵妃鄭袖，此計果然奏效，懷王釋放張儀。「間接說服法」很妙，有點像繞路，雖然費時，但目的照樣達到。再舉一例，齊景公的故事：

齊景公腎臟有病，一連十幾天臥床不起。這天夜晚，他作了一個噩夢。夢見和兩個太陽爭鬥，最後被打敗了。

第二天，晏子上朝，景公對他說：「昨天晚上，我夢見和兩個太陽爭鬥，被打敗了。這是不是預兆我要死了？」

晏子想想，回答說：「請召見占夢官員，為您占卜吉凶吧。」說完，晏子出宮，派人用車接來占夢人。占夢人見到晏子，問：「您有什麼事召見我呢？」

晏子告訴他說：「昨天夜晚，大王夢見他和兩個太陽爭鬥，不能取勝。大王說：『是不是我要死了？』所以想請你去占卜一下。」

占夢人聽了，不加思索地說：「把這個夢解釋成相反的意思即可。」

晏子馬上說：「請不要那樣說。大王所患的疾病屬陰。夢中的日頭是陽，一陰不勝二陽，所以預兆病將痊癒，請你這樣回答吧。」

占夢人進宮以後，景公問：「我夢見和兩個太陽相鬥，結果我輸了。這是不是預兆我要死了？」

「完全不是。」占夢人說：「夢中的兩個日頭屬陽，大王所患的疾病屬陰。一陰不勝二陽，所以那表示您的病快要好了。」

過了三天，齊景公的病就完全好了。

晏子知道自己說了也沒用，藉占夢人之口，信度與效度都是第一，當然立即見效。再看《戰國策》另一個故事：

趙國奪取周的祭地，周君為這件事而苦惱，找鄭朝來商量。鄭朝說：「君王不必為這件事憂心，請讓我憑三十金去收回來。」鄭朝拿了三十金去賄賂趙國的太卜，把趙國佔領祭地的事告訴他。不久趙王生了病，叫太卜來占卜病因。太卜趁機怪罪說：「都是周的那塊祭地不乾淨，在作祟。」

趙王就趕緊把那塊祭地還給周君。

～東周策．趙取周之祭地

找第三人說服的時候可以掌握兩個要點：

第一，**威之以嚇**。告訴第三人若不幫你，他自己會有什麼危險、什麼利益損失。《戰國策．楚策二》裡，靳尚找上了懷王的寵妃鄭袖，告訴她若不幫忙說服，自己會失寵。鄭袖當然不管張儀靳尚死活，但一想到失寵，那是比什麼都嚴重的事，當然願意幫靳尚說服懷王釋放張儀了。

第二，**誘之以利**。晏子和其後《戰國策》的故事，賄賂第三者，而且叫他說出你想說服的對象只聽的話。施以小利，以得大利，眼光放遠，不斤斤計較小得失，將使「間接說服法」更快、更容易成功。

第6計 表情洩了底

「他在生氣嗎?」
「不知道，看不出來。」
「那他就是在生氣了。」

有人很會察言觀色，所以就像氣象台，預知下雨先帶傘，至少可以避免和大多數人一樣因雨被淋濕。

＊＊＊

「他脾氣不好嗎？」

「我不想回答。」

「你已經回答了。」

有察言觀色的人，就有不動聲色的人。喜怒不形於色，一張臉行遍天下，完全看不出來他是高興還是生氣。

來看《戰國策．楚策一》的故事，它說：得意忘形，功敗垂成。

楚都郢城有個人犯案，拖了三年沒有判決。按照當時的法律，判決有罪的話，住宅要充公。這個郢人就故意拜託一位有勢力的外客去向政府請求佔用他的住宅，藉此來試探自己是否有罪。外客替他去對昭奚恤說：「郢城某人的住宅，我想佔用。」

「某人不應該判罪，所以你不能得到他的住宅。」

外客一聽這話，就告辭走了。

過了一會兒，昭奚恤懊悔自己的失言，把外客找來，質問道：「我昭奚恤對待您還算盡心，您為什麼要花招來刺探我？」

「我並沒有耍什麼花招來刺探呀！」外客否認。

「哼！請求住宅沒得到。反而有喜色，不是刺探是什麼？」昭奚恤悻悻地說。

～楚策一．郢人有獄三年不決

贏的時候能自制，等於贏了兩次。再看《戰國策．宋衛策》的故事：

齊國進攻宋國，宋國派臧子向楚國求救。楚王很高興，表示全力相救。臧子返回宋國，神色鬱鬱。他的車夫問：「楚王都說會救了，您卻面帶憂色，為什麼？」

臧子說：「宋國是小國，而齊國卻是大國。援救弱小的宋國而得罪強大的齊國，這是任何國君都憂慮的事，而楚王表情卻高興得很，一定是想讓我們自己抵抗齊國。我們全力抵抗齊國，齊國就會因此疲敝，這對楚國大有好處。」

臧子回到宋國，齊王果然發動進攻，攻下宋國五座城池，而楚王根本沒有派兵救援。

～宋衛策・齊攻宋，宋使臧子索救於荊

宋國向楚國求救，楚王允諾全力相救。但宋國使臣臧子認為，如果事情順利得不像真的，那就表示它不是真的。結果齊王攻下宋國五座城池，而楚王根本沒有派兵救援。

為何會得意忘形？洩漏本意？

問題就出在人們對好運來時的好心情如何自制的問題。

成語「喜上眉梢」，生動地勾勒出一個人的心情很容易外顯。要害一個人，先想到他出糗時的畫面，逗得自己樂不可支，結果引來對方懷疑，警覺心拉高，反而害不到他了。

心情好時，警覺性一定降低，戰鬥力必然削弱，敏銳度也不如平時犀利，反應力沒有原來的快速。因為心情好，精神佳，鬆懈是必然，一定會怠惰，怠惰之下，結果有二：一是工作效率降低，如此一來只會更加速好運的消耗；二是警覺性、敏銳度變差，這樣損失更大，因為陶醉在這個好運的同時，另一個更大的好運可能已經悄悄從身邊溜走。

心情好的時候是一件最愉快的事，一個人心情好的時候，生命能量大概增強了百分之三十左右。這裡所指的生命能量，包括：智慧、判斷力、決心，都整個輕快起來，輕輕盈盈的，整個人不滯於物。所以心情好的時候，千萬別放鬆下來去休息，而是趕緊加倍去做一些事，保證事半功倍。但是心情好的時候，不要答應任何事，否則有很大的機率後悔。心情愉快，警戒心一定鬆懈下來，人在鬆懈狀態下，考慮就不周全，考慮一旦不周，後悔可能就大。
克制自己因狂喜而外顯的表情，在職場還是很重要的。

第7計

沒有用的「誠實」

・騙子從不介意自己所扮演的角色。
・弱者往往是最狡猾的騙子。
・那句關於香腸的名言是怎麼說來著？「如果你真的喜歡吃，就別管製造過程。」
・我們大家都無止境的在感覺，我們誤以為那是思考。

《戰國策・東周策》告訴我們，適度誇大、說謊，有助達到目的。

東周想要種稻，西周不肯放水，東周很苦惱。蘇子對東周君說：「請派我到西周去，我能夠讓他們無條件放水。」

蘇子到了西周。對西周君說：「君王失策！你們不放水，等於讓東周富足。現在他們都改種麥了。假如君王想害東周，不如馬上放水・把東周所種的麥毀掉；如此，東周一定改種稻，等他種了稻再斷水。這樣一來，東周的百姓完全仰賴西周，那一切只有聽從君王的了。」

「真是好方法！」西周君說。西周果然放了水，蘇子也分別從東周、西周得到金錢的報酬。

～東周策・東周欲為稻

＊＊＊

東周根本沒有種麥，蘇子胡謅的，故意放話說東周種麥，生活大好，讓西周恨得牙癢癢的。但故意放話不是沒有技巧，蘇子誇大了東周現況，巧妙謊言的要訣在於：無中生有。西周越不想要東周強大，蘇子就越強調東周有多強大，西周越恨，越反其道而行，當然中計。

故意放話，誇大式說謊，就是讓對方以為他現在做的事，其結果必將跟他的預期相反，那他當然會改變現在的做事方式。對方期待什麼，你就說什麼，順水推舟，省力多多。

在《戰國策．西周策》裡還有一則故意放話的故事：

楚軍駐紮在伊闕山南邊，楚將吾得打算為楚王激怒周君。這時有人向周君建議：「不如用最隆重的外交禮節，先派太子率隊到邊境去迎接吾得，君王再出城親自歡迎，好讓天下人都以為君王很看得起吾得。接著，故意放話出去，讓楚王得到風聲：『周君送給吾得的寶貝，叫做什麼什麼的。』楚王一定會向吾得要這件寶貝，到時吾得一定拿不出來，那楚王一定會懲罰他。」

～西周策．楚兵在山南

人人都知道說謊不對，但這裡要傳達的概念絕不是鼓勵說謊。語言的功用，與其說是表達我們的優勢，不如說是隱藏我們的劣勢。表達優勢一不小心就誇大了，隱藏劣勢更要刻意而不留鑿斧之痕。沒必要的自我誠實就別在那自我誠實了，又沒人會頒獎給你，只是自我喪失良機罷了。

朋友是文科畢業，但才華洋溢，文筆奇佳（順便補充一條八卦：他是我認識唯一一位可以往自己脊椎骨吹氣的人），巧思不斷，創意連連。於是到一家知名外商公司應徵企畫。第一次面談時，他意識到非商學院學生的弱勢，於是他打算回答一切問題都帶點創造性。

當經理問他是否學過行銷學時，他老實地回答說花了二年時間到企管系選修行銷相關課程。

朋友得到了那份工作。其後表現優異，外商公司重才華，他很快升到經理。他當年面試沒有提到：那些行銷學課程他都是二修才過，有的甚至三修。

注意到了嗎？朋友的故事有三點最有趣：第一是使我想起馬克斯．舒斯特（Max Lincoln Schuster，美國 Simon & Schuster 出版社創辦人之一）曾經說過：「應徵一份工作最大的危險在於，你可能真的會被錄取。」第二是經理問的是「是否學過行銷學」，所以回答「是」或「不是」就好了，又沒問「幾修才過」，自己已經不是商學系畢業，不用再自暴其弱。第三是謊話只有當它被認知到不是真話時才算謊話。說謊高手有個特徵：說的話百分之九十是真話。

我想我們都知道：有時候「誠實」的毛病不在於違反人性，而是根本就不管用。真相不是絕對的，挑有用的說。勇氣可以培養，智慧卻不易養成，所以人應該常常有一種覺得比空泛道德教條更可貴的東西，否則生命本身會使他感到厭煩與空虛。

第8計 說話的時機與自己的身份

·有時候，我們說了不該說的話，做了不該做的事，那麼接下來，我們就該去說該說的話，做該做的事。

·一個人一旦不知自己是老幾、忘了自己是誰的時候，也就是他誰也不是的時候。

·愚人應該少開口，但如果他知道這點，他就不笨。每有一次你後悔沒說出的話，就有一百次你會後悔說過那些話。伏爾泰：「很多蠢話都出自那些原想說些聰明話的人之口。」

剛到一個新環境，職場的規矩、人事都很陌生，這時候最好還是低調一點。《戰國策・宋衛策》提到注意自己說話的時機與當時身份是多麼重要。

有個衛國人去迎娶新娘。新娘一上車就問道：「兩旁的馬是誰的？」車夫說：「是借來的。」

新娘對僕人說：「打兩旁的馬，不要打中間的。」

花車到了婆家，新娘剛被扶下車，又對陪嫁的喜娘說：「趕快回去，把爐灶的火熄滅，不然會失火的。」

新娘走進房間，看到石臼，又說：「把石臼搬到窗子底下，不要妨礙到人。」婆家的人聽了都笑了。

其實新娘子說的這三句話，都是很合宜的話，但還是被人嘲笑，那是因為說話的時機不合宜啊！

～宋衛策．衛人迎新婦

＊＊＊

這個新娘很聰明，可是聰明要用對地方，更要用對時機。而她沒有用對聰明，原因就在太高調，不懂一開始到新環境，一定要放低身段的基本道理。換言之，不但要「入境問俗」，「入境問禁」也很重要，有些忌諱就是別碰，言行舉止都要很注意的。剛到一個新環境，人生地不熟，尤其職場，可能有很多自己想不到的禁忌，不能亂問的問題，尤其涉及薪資、升等、內部管理不公、辦公室尚未公開但連打掃的阿姨都可以發新聞稿的曖昧戀情。《國語．晉語九》有類似的故事，很值得一讀：

晉國大夫范獻子到魯國訪問，到具山、敖山旅遊。魯國人不說這兩座山的名字，只說山在某鄉某鄉。范獻子問：「這不是具山、敖山嗎？」魯國人回答說：「這是先君魯獻公、魯武公的名諱。」

范獻子回國後，對所有的親朋好友說：「一個人實在不能不努力學習。我到魯國去說了他們兩個名諱，有失禮儀，鬧了大笑話，就是因為沒有學習的緣故。」

新到一個職場，還是保持低調，多看、多學、多問。一旦熟悉了，該說話就要說話，該展現才華就展現才華。有個人在交際場合中一言不發。哲學家狄奧佛拉斯塔對他說：「如果你是一個傻瓜，那你的表現是最聰明的；如果你是一個聰明人，那你的表現便是最愚蠢的了。」

以前到鄉下，經過一間古厝，無意間看到一副對聯，第一副是：

有點本事的人，到處生事，生起事來，就是沒本事。
沒有本事的人，到處息事，事情息了，就是有本事。

到一個新的工作環境，有點本事，本領高強者，尚須低調；沒有本事，資質平庸者，豈可像半瓶水一樣唰啦啦的響不停？唯恐別人不知自己只有半瓶水嗎？即便自己對職務內容再有把握，更要謹慎行事。古厝對聯的第二副是：

事到手，且莫急，必須緩緩想；
想到時，切莫緩，便要急急行。

不用擔心自己剛開始的刻意低調會使自己不受人注目。只要有實力，不怕沒人注意。切記：即便是鳥在行走，人們還是會注意到牠的翅膀。

還是邱吉爾說得好：「雖然我並非時時喜歡別人賜教，但是我卻長存學習的心。」所以，人生地不熟時，與其做愚蠢的智者，不如做聰明的傻子。

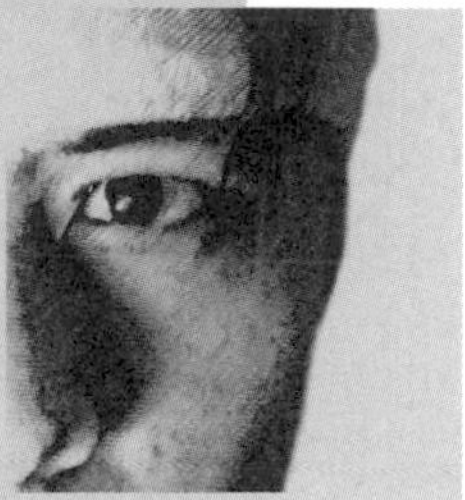

思考 3

你是鳥?飛給我看!

一個人想在一個舞台劇中找份工作。

「你能幹什麼呢?」負責人問。

「模仿鳥兒。」那人說。

「你在開玩笑吧?」負責人答道,「那樣的人我隨便找都可以找得到。」

「噢,那就算了。」那名演員說著,展開翅膀,飛出了窗。

第9計

權衡輕重，當機立斷

・「你要的幸福已經來了嗎？」

「等我找到才知道。」

「不，等你失去才知道。」

・遲疑於「好」與「壞」的選擇時，壞的那一面已經悄悄擴大了。

・職場經驗並不會帶給你更強的力量，它是使你發現運用力量的正確方法。

猶疑不決的貽誤，更甚於判斷錯誤。

・人們往往得等到機會不再時，才看出來它在哪裡。

《戰國策．趙策三》的故事告訴我們因地制宜，當機立斷的重要。

辯士魏鮁對趙國建信君說：「有一個人用繩子做圈套，套住一隻老虎；可是老虎兇性大發，掙斷腳掌跑掉了。老虎並不是不愛牠的腳掌，但是卻不願為了一寸大小的腳掌而葬送整個七尺身軀。這就是權衡輕重後所採取的斷然措施，治理國家也是同樣的道理；不過，國家並不僅是一隻七尺長的老虎啊！您的身體對君王來說，還不止老虎那一寸大小的腳掌。希望閣下好好想想我的話。」

～趙策三．魏鮁謂建信君

＊＊＊

一九六三年，在香港市中心的商業區興建了第一家五星級旅館，擁有七百五十個房間。

一九九五年六月，這棟二十六層樓高的香港希爾頓，變成一堆瓦礫，而且夷為平地的花費比興建這家旅館時的花費還多。

為什麼旅館變瓦礫？因為不賺錢嗎？

不。一九九四年，香港希爾頓的營收有五千八百萬美元，盈餘有兩千五百萬美元。在決定摧毀之前，還花了一千六百萬美元整修大廳。

為什麼要把一棟賺錢的旅館摧毀？關鍵就在：香港辦公大樓空間的租金價格，有如天文數字般的高。依據不動產顧問推估，如果把旅館拆掉，把這塊地用來蓋辦公大樓，每年的租金收入可達七千萬美元！再依市值推算，新建的辦公大樓價值十四億美元，而原來的香港希爾頓，只值五億美元。

摧毀香港希爾頓旅館改建辦公大樓的這個故事，和老虎斷掌以保全身的故事對職場的啟示是一樣的，那就是：仔細權衡輕重，當機立斷，不要猶疑不定。如果你是主管，能用多少人就把多少人的優勢發揮到極致；如果你是職員，能幫你的同事就是你的最佳資源。因為身邊資源有限，所以任何一種有限資源，都應該被用在使用率最高、被用在價值最高的用途上。

水井之桶有何啟示？滿了之後倒空，才可以有空間再滿一次。如果只有半桶，又捨不得倒掉，不知權衡保留舊水好，還是再舀新水佳，搖擺不定，左右為難，一定沒有機會再盛滿新的滿滿一桶水。

仔細說來，職場自我評估有三項要點：

第一，**自己的現況**。包括自我目前之優勢、此優勢可保持多久、短期自我再充電、進修、學習後而形成的優勢。

第二，**如果保留現況不動，多久之後現況會更好**。是一種持平求穩定之後自動趨向好局勢？還是人為因素？如果是自動趨向好的局勢，可以持續多久？可以走到多好？如果是人為因素，要付出的時間與精力，其消耗與效益比為何？

第三，**如果不保留而立刻改變，有什麼效果**？風險何在？風險多大？改變後

的效益是否大於維持現況？（甚至大於保留現況一段時間之後再改變的效益）

舉例來說，許多人轉換跑道，所考量不外乎：待遇、工作環境、願景、自身專業等。若想跳槽又怕將來不如現在，左右遲疑，搖擺不定，則機會流失，資源變少。

真正阻撓人的並不是失敗，而是停止不動。不畏路遠，只怕行路之人原地站立。權衡輕重，當機立斷；運用資源，事半功倍。

第10計 你是鳥？飛給我看！

一個人想在一個舞台劇中找份工作。

「你能幹什麼呢？」負責人問。

「模仿鳥兒。」那人說。

「你在開玩笑吧？」負責人答道，「那樣的人我隨便找都可以找得到。」

「噢，那就算了。」那名演員說著，展開翅膀，飛出了窗口。

看似笑話，但真說出了職場現象：你不用我，我只好走人。公司會在無意間失去人才。來看《戰國策．趙策三》的故事。

建信君憑著姿色貴寵於趙國。公子魏牟路過趙國時，趙孝成王接待他。那時孝成王座位前擺一塊絲錦，正準備叫工人製一頂王冠；那工人看到有貴客來，暫時避開。魏牟致意後，邊走邊看絲錦，退回自己的座位。孝成王就問他說：「公子的車駕路過敝國，寡人榮幸能夠接待，很想聽聽公子對治理天下的高見。」

「如果你花在國家的心思像花在這塊絲錦一樣，那國家就很安康了。」

趙王聽了很不高興，繃著臉說：「先王不知寡人不肖，使寡人繼承王位，哪敢這樣輕忽國家呢？」

「別生氣，請聽我說。」魏牟繼續：「大王有這麼好的絲錦，為什麼不叫宿衛的郎中來製王冠呢？」

「郎中不懂得做王冠。」孝成王說。

魏牟說：「那有什麼關係呢？王冠做壞了，對國家又有什麼虧損？可是大王卻一定要等帽工，才叫他製作。現在大王聘來治理天下的人，反而被冷凍不用，這就怪了。社稷快變成廢墟，先王的祭祀也將斷絕，大王不交給工人來修理，竟然交給姿色美好的人。況且大王的先帝，以犀首駕車，趙奢為將，和秦國相爭，那時秦國都不能擋住他的鋒芒；如今大王拉著建信君想跟強秦競爭，我怕秦王就要拆散大王的車箱啦！」

～趙策三・建信君貴於趙

＊＊＊

魏牟指出趙孝成王三個應注意的地方：

第一，**不要讓優秀的人才去做工讀生就可以做的事**。

第二，不要冷凍禮聘來的人才。

第三，**專業的事一定要給專業的人做**，不要給話說得漂亮或相貌出眾而無真才實學的人來做。

人才不該只做工讀生做的事，人才也不該被冷凍，人才更不該不受重用，反而是虛有其表的人得寵。當然，這是從老闆角度去看，是魏牟提醒趙孝成王當好主管的角色。反推回去，上面這個故事更重要的意義在於：人才的才華不表現出來，誰知道你是人才？露一手給人瞧瞧。如果你是鳥，別人不信，那很簡單：飛給他看。

人才自己不成材，別說別人不知其才，連自家人都看不起呢！《左傳．昭公二十八年》的故事：

從前有位賈大夫，模樣長得很醜，卻娶了一位很美的妻子，結婚三年．她從不說一句話，不笑一笑。

一天，賈大夫帶妻子驅車到沼澤地打獵，他搭箭拉弓，一箭射中野雞，妻子才開口說話，有了笑臉。

賈大夫感慨地說：「一個人不可能一點本事也沒有。我要是不能射野雞，難道妳就一輩子不言不笑嗎？」

張愛玲曾說：「一個人一旦學會了一樣本事，總捨不得放著不用。」你要是不及時動手，就是在等別人動手；你不支配人生，人生就會來支配你。我們暗中相信——或希望別人相信——自己其實在某些方面很特別。

人生如夢，惡夢美夢都是自己做的。你捨得埋沒自己嗎？告訴你，幸運之神比較喜歡眷顧勇者。

第11計 可以做的先做，不能做的，等時機

「你有想過未來嗎？」

「沒有。」

「為什麼？你從來不想未來嗎？」

「我從來不想未來，它已經來得夠快的了。」

職場裡充滿了等待：等下班，等週五；等發薪日，等升職時；等年終獎金，等一夜情；等老闆退休，等討厭的人離職。

所有的等待，都與時機有關。《戰國策．趙策三》裡，希寫勸建信君的話很

值得深思。

趙人希寫拜見趙國建信君，建信君對他發牢騷說：「文信侯對我太沒禮貌了。當秦國派人來我們趙國做官時，我還任用他們為丞相的官屬，授予五大夫的爵位呢！文信侯對我，真可說太沒禮貌了。」

「我認為當今掌權的官員，還不如商人。」希寫說。

建信君聽了勃然大怒：「你看輕掌權的要員，反而敬重營利的商人嗎？」

「不是！不是！」希寫回答：「一個好商人不和人討價還價，只在那裡靜待時機：物價下跌就進貨，物價上漲才拋售。古時周文王彼囚禁在牖里，周武王也被囚禁在玉門，終能砍下紂王的頭而掛在太白旗桿上，這就是靜侯良機的效果。如今閣下不能在權力上和文信侯相抗，卻斤斤計較文信侯對閣下沒有禮貌，我認為不太妥當。」

～趙策三・希寫見建信君

＊＊＊

時機未到，乾著急也沒用。希寫勸建信君說：連商人都懂得等待時機，你怎麼不懂這個道理呢？

那麼，不著急的話，時機未到，自己是不是什麼事都別做，等時機就好？

牛頓說：「我不知道世人對我會有什麼觀感，我總覺得自己像是一個在海邊玩耍的小孩子，只注意著撿拾岸灘上美麗的卵石和貝殼，卻無視於橫在眼前浩瀚的真理之海。」

這段話也許大家解讀為是牛頓的謙虛，我卻認為他展示了一種很重要的人生境界：人生事，可以做的先做，不能做的等時機。

有貝殼可以撿，就撿。大海再怎麼美麗，沒有船，不能去一覽海景；沒有潛水衣，不能一觀海底奇景。沒有就沒有，有貝殼可以撿就好，可以做的先做，也許等一下有船經過，可以搭船；說不定待會有人潛水，等他潛完可以跟他借裝備。但一切還沒出現之前，可以做的先做，有貝殼可以撿，就撿。

人生很多時候不是我們想做什麼就可以做什麼；人生更多的時候是我們想做什麼就偏偏做不成什麼。這時候，可以做的先做，就非常重要了。走一步，是一步；做一點，算一點。總比站在原地什麼都不做好。

可以做的先做，不能做的等時機，有三要點：

第一，**不要別人告訴你做什麼你才做什麼**。（老闆雇你的原因應該是期待你會想到他沒想到的吧？）

第二，**不要看別人做了什麼就立刻跟著做什麼**。（有沒有考慮過很可能是一窩蜂跟著錯？）

第三，**不要因爲其他人什麼都沒做，自己也什麼都不做**。來看《墨子．公孟》的故事：

有個人來到墨子門下，墨子語重心長地對他說：「為什麼不學習大義呢？」

此人回答說：「我家族中沒有人在學。」

墨子說：「不是這樣。愛美的人，難道說我家族中沒有人愛美，所以我也不應該愛美嗎？嚮往富貴的人，難道說目前我家族中沒有人富貴，所以我也不該嚮往？愛美、嚮往富貴的人，不看他人行事，自己拚命去做。大義是天下最可貴的，為什麼要看他人行事而不努力去做呢？」

職場的「等待時機」是很奧妙的。最後以《呂氏春秋．孝行覽．首時》的故事來做結論：

墨家有個叫田鳩的人，想要見秦惠王，在秦國待了三年還沒見到。有個客人把這個情況告訴楚王。楚王很喜歡他，給了他將軍的符節出使秦國。他到了秦國，憑藉這個身份見到了秦惠王。田鳩告訴別人說：「到秦國見惠王的道，竟然是先去楚國啊！」

《呂氏春秋》對以上故事的結論是：「事情本來就是離得近反而疏遠，離得遠反而靠近的道理，時機也是這樣的。」

可以做的先做，不能做的，等時機。

老天，請賜給我耐心……但我現在就要！

第12計 人才的自信與自覺

・英雄並非都要天翻地覆。

・對自己懷抱的信念充滿熱情當然很好，但也要有開放與接受批評的心態，來確定你的熱情是否有依據。

・在這個世界上，只有好得過份一點才能比較好。

你的專業再強，也要認識同領域裡面第一流人才。因為你永遠不知道：什麼時候會需要求他們幫你。《戰國策・齊策三》的故事。

淳于髡在一天內連續介紹七個人給齊宣王。齊宣王叫道：「賢卿請過來！寡人聽說：『在千里之內如果有一個賢士出現，就好像賢士排排站那樣多；在百世之間如果有一個聖人出現，就好像聖人一個接一個來那樣多。』現在您一天內就介紹了七個人，豈不是顯得賢士太多了嗎？」

「大王的話不對。」淳于髡說：「俗語說：物以類聚。羽毛相同的飛鳥才停在一起，腳爪相同的野獸才走在一塊。在低窪地找柴葫和桔梗這種藥材，一輩子也找不到，到睪黍山或梁父山的北面，就多到需要用車來載。我既然是屬於賢人的一類，君王向我求賢士，好像到河裡打水、用火石打火那樣簡單。我還要陸續引見，又何止七位呢！」

～齊策三．淳于髡一日而見七人於宣王

＊＊＊

淳于髡的話顯示兩點：第一，他對自己很有自信，自以為第一流人才。第二，他算是很了解「物以類聚」深意的人。

但淳于髡忘了說一點：不是賢人聚在一起，力量就相加相乘，說不定還會互相嫉妒、猜疑、勾心鬥角，弄到最後，人才相聚，力量反而相減削弱，不如不聚。

齊宣王認為沒有那麼多人才。這樣的態度也不對，雖然人才相聚可能有利有弊，但整體而言，人才當然是越多越好，這點無須懷疑。中國歷代領導者，很多都有此認知。

韓嬰的《韓詩外傳》記載齊宣王和魏惠王在郊外一起打獵。魏王問齊王：「你也有珍寶嗎？」齊王說：「沒有。」魏王說：「像我這樣一個小小的國家，尚有直徑一寸那麼大的寶珠，其光輝能夠前後照亮十二乘車的就有十顆，像你們那樣擁有萬乘兵車的大國，怎麼會沒有珍寶呢？」

齊王說：「我所看重的珍寶跟你不同。我有個臣子叫檀子，派他出守南城，楚國人就不敢來騷擾；泗水一帶所分封的十二個諸侯國都來朝見；我有個臣子叫盼子，派他出守高唐，趙國人就不敢在河東邊捕魚；我有個臣子叫黔夫，派他出守徐州，燕國人從北門來歸順以及趙國人從西門來歸順的就有一萬多家；我有個臣子叫種首，派他防備盜賊，就路不拾遺。我因有他們而能照千里之外，又何止十二乘啊！」魏王聽了很是慚愧，不高興地走了。

齊王可說是真懂職場「適才適所」的基本鐵則了。至於淳于髡，他對自己很有自信，這點為何特別值得一提？不要因為自己一時不被重用就有懷才不遇的不平衡。人才，一定會被用到，要有自信。舉兩個故事：

宋太祖平定蜀國之後，將蜀國的宮妃們帶回自己的宮中。太祖見其中一人攜一面鏡子，鏡背刻有「乾德四年鑄」的字樣，便向宰相竇儀詢問。竇儀答道：「這面鏡子肯定是蜀國的物品，蜀國皇帝王衍曾用過這個字號。」太祖聽後十分高興，說：「還是得用讀書人當宰相。」

另一個故事是明太祖的：

明太祖即位初期想發行紙幣，但籌備過程中屢次遭遇困難，有一天夜晚夢見有人告訴他說：「此事若想成功，必須取秀才心肝。」

太祖醒後，想到夢中人話，不由說道：「難道是要我殺書生取心肝嗎？」一旁的馬皇后提醒太祖說：「依臣妾的想法，所謂心肝，就是秀才們所寫的文章。」

太祖聽了大為讚賞，立即命有關官員呈上學者對發行紙幣的研究心血，終使紙幣得以順利發行。

這兩個故事對於現代職場最大的啟示和意義是：不怕別人不用你，怕的是你沒東西給人用；沒人用時充實自己，有人需要用時，才能拿得出東西給人用。

如果自認是人才，有兩點認知很重要：第一，人才間的互相競爭更激烈；第二，人才成材後，要有「人才再怎麼多也不為過」的遠見，和包容一切明爭暗鬥的胸襟。

第13計

如何推銷自己的才華，讓別人印象深刻？

希特勒的宣傳理論特別強調「集中」與「重複」這兩個觀念。他說：「廣大群眾的感受性極為有限，他們的才智極微，但又極為健忘。因此，有效的宣傳都必須集中在特別重要的某兩三點上，而且要將這兩三點反反覆覆表現在標語口號之中，務使廣大群眾中的最後一人也能了解你在標語口號中所要傳達的訊息。如果你不用簡單明瞭的標語口號而要求面面俱到，宣傳效果就無法達成，因為群眾既不能消化，亦不能記憶你所提供的資訊。如果用這種方法去宣傳，效果必弱，最後一事無成。」

你有沒有看廣告看到會「背」出廣告詞？你從來沒有刻意去記，卻不知何時，不知不覺中，記住了廣告詞和畫面。一直重複出現，你不想記也不行。職場上，你如何讓別人對你印象深刻？《戰國策．魏策二》提供了方法。

魏臣龐蔥陪太子到趙都邯鄲做人質，臨行時對魏惠王說：「假使有一個人說街上有老虎，大王相信嗎？」

「不信。」惠王說。

「如果又有第二個人來說街上有老虎，那麼大王會相信嗎？」

「寡人將半信半疑了。」

「再有第三個人來說街上有老虎，大王覺得呢？」

「那寡人就相信了。」

「街上沒有老虎，人所共知。但一個人、二個人、三個人來說，沒老虎也變成有老虎了。」龐蔥接著說：「如今邯鄲距離大梁比王宮到市街還遠得多，而批評我的人又何止三個哪！願大王明察。」

「放心吧！寡人會記得的。」惠王向他保證。

於是龐蔥就向魏王告辭上路，可是還沒到達邯鄲，誹謗他的話已經傳進惠王的耳朵。後來太子不當人質回國，魏惠王卻沒再召見過龐蔥。

～魏策二．龐蔥與太子質於邯鄲

＊＊＊

龐蔥若不是聰明過人，就是樹敵太多，竟然預知自己會被誹謗。但是，他所做的預防工作還是白做，因為訊息一直重複出現，會讓人加深印象，信以為真。

一人對你說謊十次，和十人向你說同樣的謊，你比較容易信哪一個？

重複出現訊息，加深對方印象。連老虎都深諳行銷學最基本的概念，我們難道不如老虎？如果從這個角度去想職場：如何讓別人對自己有好印象？

你沒有第二次機會給人第一印象。但是，最重要的行動，通常是不能立刻看到結果的。職場上一鳴驚人，短期之內屢出代表之作，技驚全場，那是少之又少。通常一個人必須適時地重複表現，這次未受矚目，下次繼續，持平前進，切忌急躁。這樣不斷讓人加深印象，一定會受到矚目與肯定。

有了這樣的認知，還要革新一下心中傳統的概念。傳統認為「深藏不露」似乎是值得稱許的美德，但事實上，職場是最不宜「深藏不露」的地方。「深藏不露」好像是一句讚美的話，但時代變了，有些觀念可能也要調整一下。

第一，**不要深藏**。不要深藏的原因是如果你藏得太深，別人看不出來。如果又遇到眼力差的老闆，更讓自己少了很多機會。

第二，**不要不露**。如果沒人嫉妒你，表示你還不夠好。該露則露，當露不讓，不必客氣。保守過頭，壓抑太過，白白錯過好機會。

不要深藏不露，那麼，應該如何？

第一，**「淺藏」即可**。淺藏是為了將來的大鳴大放作準備。淺藏其實包含一份謙虛；淺藏的「淺」應該是「淺而易見」的淺，供識千里馬的伯樂辨認。

第二，**要「待露」**。不要不露，而是待露。待不是呆呆等待的意思，呆呆等待，等一百年機會也不會來。「待」是充實自己的意思，實力有了，機會才會來。

職場裡，大多數人都是力爭上游的，如果他們有機會的話。人通常是可以舉起比自己更重的東西。具有才華是不夠的，你得徹底發揮才行。生活不會給你太多機會提昇自己，即便你是最優秀的。

你沒有第二次機會給人第一印象。為了錦鏽前程，趕快打起精神！

第14計

做表面功夫，也要做得像一點啊！

・騙子被揭穿後雖然傷心，卻不死心。因為他相信：不斷說服自己，終會成真。

・人們比想像中更容易被欺騙，或說，更需要被欺騙。

・「你一直活在謊言之中。」
「對，而且我很羞愧。」

・如果你可以假裝誠懇，你可以假裝任何事。用偽善對付偽善的人，而且比他更偽善，這樣他會覺得你很真誠。

職場有很多「不自覺」情形。比如說，不知不覺被人認為自己很假，然後自己很疑惑：「我哪裡假了？我很真啊！」

如果不需要真，那就表示可真可假，既然可真可假，他假，你為什麼指責他錯呢？

但這其中涉及一個很重要的原則，《戰國策·齊策四》的故事告訴我們：要假，也要假得像一點。不然被人識破、看穿，那就糗大了。

齊人去見處士田駢，說：「聽說先生是位清高之士，發誓不做官。假如先生真的不做官，我願供您驅遣。」

「您怎麼聽來的？我並沒有做官呀！」田駢驚訝地問。

「我從鄰居的女子那裡聽到的。」

「她怎麼說呢？」

「我那個妙芳鄰對外放話：不嫁。但是今年三十歲卻生了七個孩子，不嫁是不嫁，但事實上等於嫁過了。先生對外宣稱不做官，卻享受千鍾的厚祿，僕役一百多名；不做官是不做官，但卻和做官的人沒什麼兩樣。」齊人說。

田駢聽了，只能壓低聲音一再向齊人道謝。

～齊策四．齊人見田駢

＊＊＊

田駢太假了，沽名釣譽，最後還是被齊人識破。職場似乎總有這樣的人：上班時間拖拖拉拉，過了下班時間就故意在辦公室留很晚，然後發電子郵件聯絡相關工作事宜，副本還一定不忘給老闆，這樣給人一種錯覺：「他好認真！這麼晚還自動加班處理業務。」

再看《戰國策·秦策三》的故事：

韓國奪走了應侯的汝南封地。秦昭王對應侯說：「失去了封地，您是否憂愁？」

應侯說：「我不憂愁。」

昭王說：「為什麼？」

應侯說：「魏國有一個叫東門吳的人，他的兒子死了卻不憂傷，他的管家問：『您疼愛自己的兒子天下少有，如今兒子死了為什麼不憂傷？』東門吳說：『我本來就沒有兒子，沒有兒子的時候當然也談不上憂傷；現在兒子死了，就和沒有兒子的時候一樣了。我又有什麼好哀傷的呢？』我當初也是一介平民，做平民的時候不憂愁，現在失去了封地，就像失去兒子的魏國平民一樣，我為什麼要憂愁呢？」

秦王覺得很假，認為這不是心裡話，就告訴蒙傲說：「今天如果是我有一個城邑被圍，我肯定食不下嚥，睡無好眠。可是如今應侯失去封地卻說不愁，這難道是實話嗎？」

蒙傲說：「請讓我去探聽一下他的真情。」於是去見應侯，並說：「我想去死。」

應侯說：「你說這什麼話啊！」

蒙傲說：「秦昭王尊您為師，人所共知，更何況秦國哩！現在我當秦王的將領，統率秦兵，我原以為韓國這樣小，沒料到竟敢違逆秦的命令，奪您封地，我還活著做什麼？不如死了的好。」

應侯向蒙傲下拜說：「希望把這件事委託給您。」

蒙傲便把對話回報昭王。從此以後，應侯每談到韓國的事情，秦昭王都不聽信，總以為他是為了奪回汝南的封地而說話。

～秦策三．應侯失韓之汝南

＊＊＊

應侯太假了，沽名釣譽，最後還是被蒙傲看穿。如果做戲，最好三實七虛，應侯的境界太高超了，他以為他是誰？佛陀嗎？居然自比喪子鄰人。境界高超到超乎常人，難怪昭王懷疑，叫蒙傲去探探虛實。

如果一個人真的想騙人，他永遠不愁找到一個願意被他騙的人。很多時候，我們生氣不是因為別人騙我們，而是因為別人騙我們的時候我們沒發現。

我不是教你虛偽、欺騙，但我願意提一下有趣的西方諺語：When you lie, do it better.（撒謊要撒得好一點）。希特勒說：「謊撒得越大，相信的人越多。」史達林說：「謊話說三次變成真理。」世紀獨裁者的氣魄和見解，真是令人不寒而慄。

女兒：「三十歲是什麼開始的年紀？」

媽媽：「開始對自己年齡撒謊的年紀。」

一般人可以忍受謊話，但粗糙的謊話只是污辱人的智慧。我可以忍受你對我說謊，但我不能忍受你對我說笑——太粗糙、太荒謬的謊話就不是謊言，而是笑話了。

我們一直騙自己，騙得如此好，騙到最後，這些謊言開始看起來好像真理了。因為我們常常只看到我們想看的，相信我們想相信的。

壞事永遠比你預期的要發生得快；所以，撒謊、虛偽或做表面功夫，也要弄得像一點啊！

第15計

搶著做事，對；搶功勞，錯

儘管現在分工越來越精細，學問也越來越專業，但完成一件事，還是需要團隊合作。同事是我們每天花最多時間相處的人，甚至超過家人，所以團隊的共事者是最熟悉我們的人；當然，也是我們最熟悉的人。然而，最熟悉的人有時就是最不好相處的人，所以有時最熟悉的兩個人也要重新認識對方。即使是家人也會讓我們很挫折，更別說是同事。透過與同事合作，是使自己在職場大大前進的一個方法，但須注意原則：職場上的論功行賞，不居功、不搶功、不貪功，以退為進。來看《戰國策·魏策一》的故事。

魏將公叔痤跟韓、趙聯軍在澮北決戰，俘虜了趙將樂祚。魏惠王很高興，特別到城外歡迎公叔痤凱旋歸來，並賞賜良田百萬畝為俸祿。

公叔痤一再辭謝：「使士卒進退有節，進時無懼，危而不退，退而不亂，這是吳起的訓練功績，跟我的指揮無關。預先分析地形險阻，加強重要地區的防禦設施，使三軍將士不致迷惑，那都是巴寧和爨襄的能耐。立下賞罰的標準，使軍民確信不疑，這是大王的英明。判斷攻擊敵人的時機，猛搥戰鼓激勵士卒，不敢有絲毫怠慢，這才是我所做的。大王為我擊鼓的右手而賞賜，我還可以接受；如果認為我建立功勞，我實在沒有貢獻什麼。」

「說得好！」魏惠王說。

於是惠王就派人尋訪吳起的後裔，賞賜良田二十萬畝。巴寧和爨襄也各得良田十萬畝。

魏惠王說：「公叔痤真是寬厚的長者啊！既為寡人戰勝強敵，又不忘賢人後裔，還不埋沒才幹之士的功績。公叔痤怎可不再加封些呢？」

於是又加封公叔痤良田四十萬畝，使得他的封地多達一百四十萬畝。

老子說過：「聖人沒有積儲的：完全幫助人家，自己卻更富有；完全送給人家，自己卻更充足。」公叔痤大概可以當之無愧了。

～魏策一．魏公叔痤為魏將

＊＊＊

先思考職場裡最常遇到的幾種情形：

・如果老闆現在有一個計畫要執行，該不該自告奮勇承接起來？

・如果同事在做一個案子，自己有空又剛好他需要幫助，而自己的專業又恰巧可以解決他的問題，該不該挺身而出？

・計畫完成了，老闆要論功行賞，如果賞得不公，該據理力爭、說自己真正多有功勞嗎？

人常高估自己的能力。高估自己能力是很正常的，因為人一定會有信心不足的時候，當然也會有高估自己的時候。所以職場裡的謙虛很重要；但在職場裡表現謙虛，要很有智慧。否則會被有心人解讀為虛偽，或是喪失自己原有的權利。

謙虛、不居功，這絕不是壞事。使自己變成一個更好的人，這就是謙虛的原始定義。但是，平心靜氣想想：使我們進步的原因是什麼？使我們想進步的動力是來自嫉妒、來自想超越、來自看不過去、來自自我的隱性優越感。

從這個角度切入，謙虛並不會讓一個人更進步，謙虛是最違反人性的「美德」。

職場裡，誰不喜歡往上爬、受人重視、被人尊敬？既然違反人性，為何這種看似矯情的特性還要一再被提倡？

問題是，人生不是「往前衝」這麼簡單的單行道。你想衝，別人還巴不得你跌倒、巴不得你後退、巴不得扯你後腿呢！這時候，想想故事裡的公叔痤，他不居功、不搶功、不貪功，結果得到魏惠王更多賞賜，更大的重視。

職場裡，以退為進，有時也是大大前進的一個方法。

思考 4

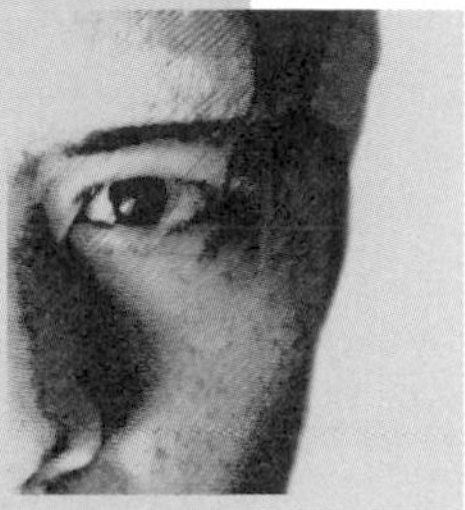

可以不計較嗎？

你可以規畫一個無人犯錯的職場，
一個無菌的神聖殿堂，
可惜這個殿堂並不存在。

第16計 要幫助那些比你更精明的人

《戰國策．魏策四》裡有個故事提點我們：助人之後，最重要的是，不要念念不忘。原來，助人最難的地方，是在助人之後自己的態度。從這個角度切入，助人真是一門藝術。

信陵君魏無忌殺死魏將晉鄙，奪得軍權，率軍趕往邯鄲救趙，結果大破秦軍，使趙國免於亡國。當趙孝成王親自到郊外迎接時，魏臣唐且對信陵君說：「我聽說：事情有不可知道的，有不可不知道的；有不可忘記的，有不可不忘記的。」

「是什麼意思呢？」信陵君問。

唐且答道：「人家恨我，不可不知被憎恨的理由；我恨人家，不可以讓別人知道恨他的原因。人家對我有恩，不可以忘記；我對人家有恩，不可以不忘記。如今閣下殺晉鄙，救邯鄲，破秦人，存趙國，對趙國恩同再造。現在趙王親自到郊外來迎接閣下，閣下千萬不能高姿態，要低調會見趙王哪！而且，我希望閣下不要把對趙國的恩德一直記在心上。」

信陵君恭敬地說：「我很樂意接受先生的指教。」

～魏策四・信陵君殺晉鄙

＊＊＊

唐且要信陵君別念念不忘對趙國的恩澤。幫了別人，很難忘記，特別是對方似乎完全不當一回事，那就令幫助者更在意；幫了別人，更難不期待別人回報些什麼，當然不是說一定要對等回報，至少也要表達心意，聊勝於無。

F．J．斯佩爾曼（1889-1967），羅馬天主教在全國的紅衣主教，有「美國教皇」之稱。當人們問他是如何取得如此顯赫的神職，如何能在生活中如魚得水，他誠實地告訴了人們一個故事：

當斯佩爾曼還只是個八歲的小男孩時，他就常常很乖巧地跑到父親的雜貨站裡幫忙。他看到父親經常在物質和情感上幫助那些很聰明但很落魄的人，便問他父親為何要這麼做。

他父親講了一句使小斯佩爾曼終生難忘的話：「要幫助那些比你更精明的人，那樣你日後就會不費力氣地找到他們。」

但是，如果被幫助的人忘恩負義呢？

聖人卡比爾舉過這樣一個例子：

一隻蠍子在水中，極危險。他試著去抓牠，想把牠從水中救到平地。但當他碰到蠍子時，蠍子就螫他，他痛得很厲害，不得不將手略略收回了一點。過了一會兒，他再次伸出手，但蠍子還是螫了他一下。如此一來，聖人卡比爾就不得不再次抽回受傷的手，然而他為了救蠍子，仍不斷伸手。

他的同伴向他鞠躬並問道：「你在做什麼？難道你不知道牠還會再螫你嗎？」

卡比爾說：「正是，我很清楚。」

「那你為什麼還要一直出手，一直被螫呢？」

他回答道：「我不是為挨螫才伸出手去，我是要救牠！」

另一個人說：「你想幫牠，可牠的天性就是螫人。」

卡比爾回答：「如果牠不能改變牠的習慣，那我為什麼要改變我的習慣呢？這是我做事的方式，我不會改變的；就像牠也不會改變牠行事的方式。」

「助人」是一種做事方式，本身就充滿了智慧、真理和愛，我們會從中得到滿足，所以唐且要信陵君不要把對趙國的恩德一直記在心上。施恩者不記，尚屬正常，被助者也不記，亦不離奇。我們不應被對方的忘恩負義所動搖，不應認為我們的行為方式不夠好或是還不完備，也不要認為其中有任何錯誤。如果其他人的行為方式不好，那是他自己的問題。職場很多這樣的人：接受幫助之後連謝也不說一聲，好像別人幫他都是理所當然、天經地義似的。

人們隨機進入你的生活，隨機離開，生活就是這樣的；但我們的思想、行為和語言早晚會回到自己身上，而且屢試不爽。

第17計 好心過頭

《韓非子．說難》裡有個宋國財主，一次，天下大雨，把他家的牆沖塌了一角。他的兒子說：「如果不趕快修好，一定會有小偷來偷東西。」鄰居老人看到牆的破損，也這樣勸告。財主準備好修牆的材料，但當天夜裡，盜賊就來偷走了很多東西。這個財主誇讚自己的孩子聰明，卻懷疑是鄰居老人偷了東西。

你有沒有過這樣的經驗？

．好心幫人，結果好心沒好報，挫折感很重。

・沒有到「好心沒好報」那麼嚴重，但努力幫了別人，對方卻不痛不癢，毫無感謝之意。

・別人要求幫忙，自己在忙，沒有幫他。自己事後有點不好意思，但他竟然認為自己的不好意思是應該的。

・別人要求幫忙，自己沒在忙，可以幫。但幫太多，到最後自己也不愉快。

・好心幫人，結果對方依賴成性，老是找你幫忙，彷彿你欠他。

《戰國策．魏策一》告訴我們：好心不一定有好報。

魏國的將領樂羊攻打中山國，他的兒子就在中山國，中山國的國君把他兒子煮了，還把人肉羹送給樂羊。樂羊接過兒子的肉羹，喝完了一杯。魏文侯對睹師贊說：「樂羊為了向我表達忠心，竟然吃自己兒子的肉。」睹師贊回答說：「他

連兒子的肉都能吃，還有誰的肉不敢吃？」後來，樂羊攻下中山國，魏文侯獎賞了他的功績，卻懷疑他的忠心。

~魏策一・樂羊為魏將而攻中山

＊＊＊

好心反被懷疑，因為好心過頭。再看一例：

齊桓公有個精通烹調術的人，名叫易牙。有一天齊桓公開玩笑說：「不知人肉是何種味道？」易牙就把自己的三歲小兒烹成一盤蒸肉獻上，以表忠心。管仲病危之時，齊桓公問他：「易牙這個人如何？」管仲說：「會烹煮自己兒子來討好君主的人，這種人不可相信。」

在職場不是越好心越好，要看情況。因為好心過頭被誤會的情形有：

- 老闆派你來監督我？
- 想搶功嗎？
- 覺得我能力不足嗎？
- 這樣我就欠你人情了，你特別期待什麼回報嗎？

一個好心但是很愚蠢的朋友，危險程度不下於一個敵人。一般說來，「好心過頭，反沒好報」有四個原因：

原因之一是：**給了別人他不需要的東西**。

你一定常聽同事說：「你根本不知道我的情形，所以不要給我任何建議。」赤裸的人並不需要你身上的衣服。當要水的時候，給石頭是沒有用的。當你滿腔熱情要給人東西，憑什麼判斷對方這麼需要你給他的東西？所以，給予之前的最重要工作，就是確定他到底需要什麼？滿腔熱情，很好；但也要用對方向，否則就可惜了。可惜一次、可惜二次、可惜十次，再熱的狂熱也會冷、也會淡、也會沒了。

好可惜。而對方還覺得你煩，覺得你多事。

原因之二是：**驕傲地給別人東西**。

人家又沒有跟你要，是你自己要給的，既然是自己要給的，就不該驕傲，也沒有立場驕傲。給予的同時，一定要顧到對方的自尊，這一點大家都忽略了。受苦的人心靈已經受傷了，就算他再怎麼需要幫助，你也不應該驕傲地給予。受苦的人自尊心會更強，給予別人東西的同時又傷到對方的自尊，那真是不如不要給，你怎麼可以一邊給人東西一邊侮辱對方、踐踏對方的自尊？那真是不如不要給，絕對沒有「給予的是大爺」這種事。因為：他沒跟你要，是你自己要給的。心高氣傲去幫人，傷了對方自尊，對方當然不領情。

原因之三是：**企圖給別人你自己沒有的東西**。

如果我們想讓一個人孝順一點，但自己明明不是個孝順的人，怎麼可能口口聲聲教別人怎麼孝順？如果我們想勸人助人，但自己明明一毛不拔、自私自利，怎麼敢教別人付出愛心、利益眾生？自己沒有的東西到底怎麼給別人？但我們在職場上就是常遇到這些人，真是令人難以認同。再怎麼好心，只是更令人反感，惹人生厭。

原因之四是：**給了別人「想要的」東西，而不是「需要的」東西**。

給別人「想要的」東西，只會助長他的貪念，一個人「想要的」東西，常常是無止境、越來越過份的。給予本身是高尚的、愛心的、美好的，它不應該淪為助長貪念的原因。好心之前，不用心想想對方到底需要什麼，卻一味給他想要的，當然會被指責助長其貪念。好心而被對方感恩，會被他記住一輩子，永遠感恩。我想關鍵就在於，你給了他剛好最需要的東西。生命的豐厚有賴給予。並不是你接受了什麼而讓你感到滿足，而是你給予了什麼才能讓你覺得滿足。

以上，是謂「好心沒好報」四大原因，也可以看成「好心過頭後遺症」。

好心不在做的多，而在做的適當。很多時候，你做一件好事，並不保證你一定會得到一個好結果。好心過頭的人，生活在一種覺得自己可以修復所有不完美事物的錯誤之下。他們看到世界的面貌，也知道它會變成怎樣，但看不見別人眼中的世界，以及自己眼裡和別人眼中世界兩者之間的巨大深淵。

不要動不動就對人掏心掏肺，人家也許還嫌血腥氣呢！

第18計 可以不計較嗎？

「你想知道別意氣用事的秘訣嗎？」
「你說說看。」
「原諒與遺忘。」
「怎麼遺忘？」
「所以叫你先原諒。」
「想原諒也原諒不了。」
「都跟你說了，試著遺忘。」

除非自尊心受損這種事發生在你身上，否則沒有人知道你將有什麼反應。尊嚴掃地之後，意氣用事，人之常情，不足為奇。但如果不意氣用事呢？忍一下，會不會有意想不到的另一種補償？《戰國策・齊策三》告訴我們答案。

孟嘗君的食客之中，竟有人和他的妾偷情。大家都跟孟嘗君說：「為人食客，竟做出這種不義的事，該殺！」

「他看見美女，一時衝動，克制不住，我想，他自己知道做了什麼。不要再提這件事啦！」孟嘗君輕鬆地說。

過了一年，孟嘗君才把偷偷愛上侍妾的食客叫來，對他說：「先生和我結交很久了，大官沒你份，小官你不屑。衛君是我尚未顯貴時的老友，請準備車馬，帶著禮物去見衛君，從此跟著他吧！」

這位食客在衛國頗受禮遇。

不久，齊、衛兩國邦交惡化，衛君老想聯合諸侯攻打齊國。這位不夠義氣的食客對衛君說：「孟嘗君根本不知道我無能，硬是把我推薦給君王。但是我聽過：齊、衛上代的國君，曾歃血為盟：齊、衛的後代不許彼此攻伐；假如違約，就讓他的命運像這被宰殺的馬牛。如果君王約天下諸侯來攻打齊國，這樣就違背盟約，也羞辱了孟嘗君。但願君王不要老是打齊國的主意，君王如果聽我的，那沒問題；否則，我本來就不怎麼看重自己的命，頂多用自己脖子的血染紅你的衣服。」

衛君想一想，也就終止伐齊的計畫。

～齊策三．孟嘗君舍人有與君之夫人相愛者

＊＊＊

職場上，被扯後腿、被冒犯、被羞辱、別人對不起你，都是會發生的。我不會告訴你，這其實沒那麼難受，因為它真的很難受。孟嘗君選擇遺忘，結果得到對方的回報。有時對方想道歉，卻放不下身段，拉不下臉。如果我們選擇寬容，寬容的力量，遠遠超出我們的想像。

又如《說苑》中有一則「楚莊絕纓」，說戰國時楚莊王愛惜臣下而受到報答的故事：

一次，楚莊王宴請群臣，酒酣時分，燭火忽滅。黑暗中，有人對莊王身邊的美人非禮。美人機警，拉斷帽帶，並請求莊王立即取火照明，憑帽帶查究此人。莊王卻說：「今天我是賜飲，臣下醉後失禮，算我頭上好了。怎能為了顧到美人名節而羞辱臣下呢？」於是下令：跟我飲酒，不斷帽帶者不算盡興。

百餘名赴宴者皆自斷帽帶，痛飲歡樂，盡興而歸。這樣一來，原先那位被拉斷帽帶者的非禮之罪也就蓋過去了。

三年後，晉楚開戰，有一臣子奮不顧身，五次交戰都衝在最前面。莊王感到奇怪，一問，才知道此人正是三年前那位醉後失禮的人。

這兩個故事的意義和啟示其實很類似：需求能使弱者變得勇敢。孟嘗君的食客、楚莊王的臣子才會有踰矩之為。但孟嘗君和楚莊王很清楚：若想要有朋友，自己得先夠朋友。就算朋友不夠朋友，自己還是要夠朋友，因為他們都知道：公開的敵人也比暗中搞鬼的朋友好。

有些人因諂媚而飛黃騰達，有些人拚命修德養性還大失敗，有人罪大惡極卻逍遙法外，有些人偶一犯錯就被永遠否定。

你可以規畫一個無人犯錯的職場，一個無菌的神聖殿堂，可惜這個殿堂並不存在。沒有人應該永遠不犯錯，如果我們一直念著對方的舊惡，只會讓他更難改掉罷了。美國前國務卿鮑威爾將軍跟同僚在一起時曾說：「辦公室是你除了家以外待得最久的地方，可以說是一個人的第二家庭，如果你能夠付出對家庭一半的寬容和愛心給它，你就會發現，這個第二家庭其實有另一種溫情。」

忍一下，會有自己意想不到的報償嗎？如果沒有，自己的忍辱功力又大大進了一層。如果有呢？你會慶幸當初一念間的不計較是多麼多麼值得。

第19計 神奇的平衡

・得罪別人，自己永遠是最後知道的人。

・如果得罪的朋友都暗暗記仇，默默疏遠，自己需要資源的時候怎麼辦？

・每個人都會不知不覺得罪別人，比如說話傷人而不自知；比如被人誤會而他不點破，暗中記恨。我們說的話和行為都是有翅膀的，有時不能飛向自己想去的地方。

・多數的傷害比你想像得還深，不管是你自己受的傷還是你帶給別人的傷。

無意間得罪人，不經意幫助人；被得罪的會記仇，也許不會；被幫助的也許會回報，或忘得一乾二淨。你可以相信人性是好的，然後一次又一次失望；或是選擇恨，恨會使人做出愚蠢的決定，不管這個決定是多麼正確。來看《戰國策．中山策》裡最難解的人性恩仇學。

中山王設宴款待各都邑的士大夫，司馬子期也應邀請之列，可是席間他沒吃到羊肉羹。他越想越氣，跑到齊國，遊說楚懷王討伐中山。中山王落難出奔，有兩名戰士執戈緊隨在後。中山王回頭問那兩人說：「為什麼跟著我？」

其中一人回答說：「家父以前快要餓死的時候，大王曾賞一壺食物給家父吃。家父臨終的時候交代說：中山有國難時，你們一定要以死相報！所以我們才來跟隨大王，準備赴死報恩。」

中山王聽了之後，仰天長嘆：「給予不在多少，在對方是否最需要的時候；

結怨不在深淺，在是否令人傷心。我為一杯羊肉羹而亡國，因為一壺飯而得到兩名勇士。」

～中山策・中山君饗都士

＊＊＊

我們都會不知不覺得罪別人，有時是真的犯錯，有時根本沒怎樣，只是對方覺得自己被冒犯了；我們也會不知不覺幫助別人，為何說不知不覺？因為很可能只是舉手之勞，順手幫忙，根本不痛不癢，當然不會掛心。就像故事裡的中山王，無意間得罪司馬子期，但救他的，也正是以前無意間幫助的人。

人生是很奧妙的，我們此時此刻做的事，可能在未來的某時某地發生影響，我們當下不自覺，但因果牽連，循環交錯，產生難以言喻的微妙、細膩又無法解釋的關聯，我無以名之，只好稱為「生命的平衡」。

《左傳・宣公二年》記載，趙宣子到首陽山打獵，住在翳喪，看見靈輒餓得無精打采，問他害了什麼病。靈輒說：「我三天沒吃飯。」趙宣子便給他飯食，而靈輒卻只吃一半，留下一半。趙宣子問他是何原因，他回答：「我出外做了三年僕役，不知道家中母親是否還活著，現在離家近了，請允許我帶回去給她。」趙宣子叫他把飯吃完，另用竹簍裝了飯食和肉，放在口袋裡給他。

後來靈輒參加趙宣子的禁衛軍，當靈公要殺趙宣子時，靈輒倒過戟來抵抗靈公的一群士兵，使趙宣子免於殺身之禍。事後趙宣子問他為何要這樣奮不顧身救自己，靈輒說：「我就是翳喪那個被你救活的餓漢啊！」

趙宣子給靈輒飯食的時候，沒想過要他回報，也沒想過將來的某一天自己會差一點被靈公殺，更沒想到救他的就是靈輒。

從這一點看出去，把生命格局一下子看大了，生命格局的大小，在於你能不能看出「生命的平衡」，結怨與報恩，公平與不公平，屈辱和榮耀，失去與獲得，此時在這裡難過的人生，在那裡在別的時候快樂起來。

第一天。一個人跑到上帝面前哭訴自己所遭受的不公平，上帝要他月底那天再來。第二天又有一個人跑到上帝面前哭訴自己所遭受的委屈，上帝也要他月底那天再來。第三天，又有一個人跑到上帝面前哭訴自己所遭受的挫折，上帝也要他月底那天再來。

每天都有人跑到上帝面前哭訴自己的痛苦，上帝全都要他們月底那天再來。

到了月底那一天，上帝對這三十個人說，從明天開始，我把你們每個人受到的不公平和痛苦全部加起來，平均分成三十等分，每一分都一樣多，每一個人今後受到的不公平和痛苦都一樣多。

每一個人都拒絕了上帝，他們每個人都寧願要自己原本那一分受到的不公平和痛苦。每個人生命中的悲傷和快樂一樣多，沒有人一生會特別悲傷。每個人受到的不公平和痛苦，和他們所受到的平等和歡樂，剛好一樣多；一生失去的，一定和得到的一樣多。

如果事與願違，不要再怨恨了，命運對你另有安排——好的安排、更適合你的安排。生命的進度就像小孩拼圖，有時後一個晚上完成一大幅，有時永遠找不到下一片。

生活是沒有觀眾的比賽，三種結局：輸、贏、平手。不管你想不想比，比賽會一直繼續。或許，你可以抗議裁判不公，甚至自己改變遊戲規則。當然，你更可以作弊，或是休息一下，舔舔傷口，但比賽還是繼續。你可以認真地比，開玩笑地比，輕輕鬆鬆地比，自由自在地比，就好像今天是最後一天來比。最後也是最重要的：無關比賽結局，關鍵在於你怎麼比。

往往我們想要的都沒得到，最後得到的卻是我們真正需要的。那一刻我們會恍然大悟：原來最後得到的，才是我們一直期待而且真正想要的，可是我們卻不明白，還一直抱怨為何希望總是落空。讓我們感激我們不能預知未來，要不然我們會失去很多人生裡最美妙的驚喜；還好我們不能主宰一切，不然我們會錯過很多福報。

生命總是平衡的，以一種我們無法理解的方式在進行著。

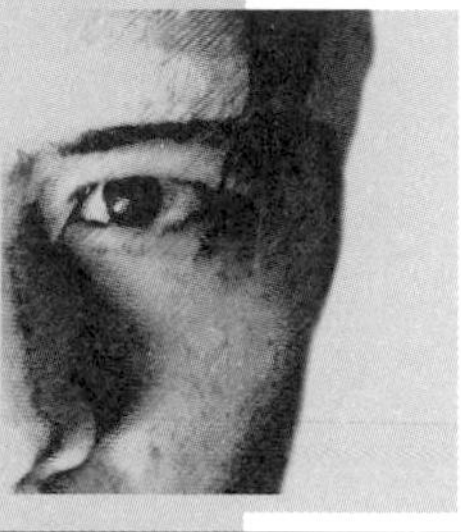

思考 5

搖椅與胃

猶豫像搖椅，它使你忙著，卻不能使你前進。

電視上有個日本頻道，裡頭有個節目有各種比賽，有一次我看了大胃王比賽才知道：胃一公升，可以撐到四公升。

第20計 努力的方向重於努力的程度

公元前六世紀的希臘先哲泰利斯（Thales），西方科學之祖，後世許多科學的源頭都可追溯到他，他在當時已非常有名，是七大智者之首。他喜歡在晚間散步，望著蒼穹星辰，想著宇宙真理，某夜忽然一腳踏空，掉進井裡。慧黠的女奴把溼淋淋的哲人從井中撈出來時，對他說：「主人，你想太多天上的事，卻忘了腳下事了。你每天想著天上的星星，卻忘了地下的洞洞，要知道地下的洞洞比天上的星星對你來說重要得多。」

《戰國策・魏策四》有「看遠方目標卻沒看到腳下」的故事，就是有名的成語「南轅北轍」。來看對職場有何啟示。

魏惠王想要攻打趙都邯鄲，魏臣季梁本來要到楚國，一聽到這個消息，趕緊從路上折回來，衣服皺皺的也不拉一拉，頭上沾滿塵土也不洗一洗，匆匆忙忙跑去見惠王說：「剛才我回來的時候，在十字路口遇到一個人，駕車朝北，卻對我說：『我要到楚國去。』我說：『您要到楚國去，為什麼把車朝北？』那個人回答說：『我馬快。』我說：『馬快雖好，可是這並不是去楚國的路啊！』那個人又說：『我錢多。』我說：『錢多有用，可是這並不是去楚國的路啊！』那個人又說：『我的車夫技術一流。』馬匹呀！錢財呀！車夫呀！這幾樣越精良，只是使那個人離楚國越遠罷了。如今大王一舉一動都想成為霸王，伸張威信。假如大王仗恃著地廣兵精，就想進攻邯鄲，擴張領土、建立威權，像這樣用兵，次數越多，那離霸王之業只不過越遠罷了，就好像要到南方的楚國，卻把車朝向北開一樣。」

～魏策四．魏王欲攻邯鄲

＊＊＊

努力的方向永遠重於努力的程度，不管個人團體都一樣，否則再怎麼努力，只是消耗自己內部資源。

方向錯了，本身擁有再好的條件都沒用。方向錯了，條件越好，離目標越遠。自己不用心，再好的機會或條件也沒用；就像《論衡．書虛篇》裡的故事：

夏朝君主孔甲，到東冀山打獵，忽然下大雨，天色陰暗，便進到百姓家躲雨。那家正好生下一個孩子。有人說：「君主來臨，這孩子將來一定大富大貴。

有人卻說：「這孩子承受不了這種幸運，沒有這種命格。」孔甲說：「讓我把這孩子帶進宮，讓他做我兒子吧！做我兒子，誰能使他低賤？」於是用車把孩子載進皇宮。後來，那孩子長大，劈柴時被斧頭斬斷了腳，終生只能做守門人。

孔甲想使那孩子富貴，憑他的權力，當然綽綽有餘。但是，那孩子不用心，斷了腳，不適宜擔任重要職務，所以到最後只好做守門人。

想想看：多少人終其一生在追求不屬於自己的夢想，做自己不喜歡的工作？為什麼會發生南轅北轍的浪費？因為不相信專業。現在分工越來越精密，專業越來越細膩，用自己的方法硬幹可以嗎？《呂氏春秋．別類》的故事：

高陽應準備建造一所房屋，施工匠人好心地對他說：「這不能動工啊！因為木頭還是濕的，水分未乾，如果抹上泥，木頭一定會彎曲。用溼木料蓋成的房子，當時看起來不錯，但一段時間之後會倒的。」

高陽應聽了卻說：「照你所說，我房子一定不會倒。你看，我現在用濕木料，日後會越來越乾，越來越硬；抹上的泥，越乾越輕，用越來越硬的木頭去承受越來越輕的泥土，所以我房子一定不會倒。」

工匠被他說得無言以對，只好照他的意思去辦。

這房子剛蓋好的時候看起來似乎還滿不錯的樣子，可是後來果然塌了。

高陽應這個人愛耍小聰明，卻不明白大道理。

或許有人會說：走錯又怎樣？雖然付出代價，回頭之後，還是可以達到目的。所謂的「第二次機會」，來的機會比我們想像得更多：每天、每一小時、每分鐘，我們都獲得重新出發的機會。據說世界男高音帕華洛帝首次登台演唱「賽維亞的理髮師」時還忘詞了，現在還不是一樣出名。

上面這段話好像不容易反駁。但解答就在《莊子．讓王》裡的故事，告訴人們「代價太大，成果太小」的浪費：

隨珠，隨侯之珠，古代傳說隨國國君救活一條大蛇，後來大蛇啣大珠相報，由此得名。

現在如果有這樣一個人，用名貴的隨珠做彈丸，去射擊飛翔在千仞高空中的一隻麻雀，人們必定會嘲笑他。這是為什麼呢？就是因為他用的東西太貴重，而所追求的東西太輕微了。

兩千年前的書，還能這麼有力、這麼虎虎生風地作為後人借鏡，古書的力量與智慧，真不是一般人可以想像的。

小船應該永遠沿岸行駛。我們都是無知的，只是個人所不知的對象不同而已。

第21計 你是驚弓之鳥嗎?

明朝劉元卿的《賢弈編．應諧錄》裡有個寓言：

有個瞎子，路過乾涸的小溪。不幸從橋上失足墜落。他兩手攀著橋欄杆，戰戰兢兢緊握不放，自己料想：「如果一鬆手，就必定掉進深潭。」過橋的人告訴他說：「不要怕，放開手，往下滑，下面是乾涸了的地面。」這個瞎子不相信，還是緊緊地抱著欄杆大哭大叫。久而久之，精疲力盡了，便失手掉到地下，發現自己安然無恙，於是譏笑自己說：「咳！早知道下面是乾涸了的平地，何必如此自討苦吃呢！」

道路本來是平坦的，但陷入空想，抓住某點感受就自恐命危的人，看到這個瞎子的故事，可以好好反省一下了吧！

「某點感受，自恐命危」這不就是我們常做的事嗎？不要因為一次失敗就怕了，來看《戰國策．楚策四》魏加的比喻。

天下諸侯再度締結合縱之盟抵抗秦國，趙國派魏加去見楚相春申君黃歇說：「關於帶兵的大將，閣下心中已經有譜了嗎？」

「有的，我想派臨武君為統帥。」春申君說。

「我少年時喜歡射箭，讓我拿射箭來打個比方好嗎？」魏加問。

「可以呀！」

魏加說：「有一天，魏臣更羸和魏王坐在高臺下面仰首看飛鳥。更羸對魏王說：『我只要虛撥一下弓弦，就能夠把鳥射下來。』魏王懷疑地問：『難道射箭術竟能如此神妙嗎？』更羸說：『正是。』過了一會兒，有一隻大雁從東方飛來，更羸虛撥弓弦，發出一陣嗡嗡弦音，大雁應聲墜下。魏王看得傻眼，連連讚嘆：『沒想到你的箭術神妙若斯，真是令人大開眼界。』更羸說：『這隻雁之前受過傷。』魏王奇道：『先生怎麼知道呢？』更羸回答：『因為牠飛得很慢，叫聲悲切。飛得緩慢，是因為牠的舊傷在痛；叫聲悲切，是因為牠長久離開雁群。舊傷還沒好，驚懼的心還沒消失，一聽到弓弦的聲音就嚇得拚命高飛，以致舊傷口破裂，才痛得掉下來。』現在的臨武君以前曾被秦軍打垮過，患有恐秦症，不可以派他擔任抗秦統帥。」

～楚策四・天下合縱

＊＊＊

上面的故事在今天很有警示性：如果你因為某一件事一再失敗而害怕、而畏縮、而自我懷疑，就算有一天你有能力處理好那件事，可能老闆都不會再派你去做了。

居禮夫人和她的丈夫為了要證明鐳的輻射功能，在巴黎大學一間由屍體解剖室改裝的舊實驗室裡，費了四年漫長光陰，耗用八噸礦材，經歷五千六百七十七次試驗失敗！最後才成功地將鋇和鐳分離，微量的鐳的結晶，給他們滿意的答案。

愛迪生發誓：六星期要發明電燈泡。他曾發下豪語：「我成功後，只有富翁才買得起蠟燭！」在某次一連串的實驗中，他告訴一個灰心的助手說：「呃！我們還沒有失敗！現在，我們已經曉得一千種東西不行。我們找到什麼東西可行的機會就更接近了。」愛迪生意志如鋼，沒有退休過，對於年紀，完全不在意。

八十歲那年，他研究一種對他完全陌生的科學——植物學。他的目的：找出橡膠的來源。在試驗與分類過一萬七千種不同的植物之後，他和他的助手們終於成功研究出從「金枝」（Goldenrod）中吸取大量橡漿的方法。

我曾經看過一個寓言：有一個山洞，裡面的原始人都是背對著洞口坐，當太陽出來，照在經過洞口的動物身上時，牠們所投射出來的影子變得比實物還大，原始人嚇壞了，更往洞裡擠，更不敢看洞外，互相告誡洞外的可怕。最後，有一個原始人大膽的面朝外偷看一下，發現洞外春光明媚、鳥語花香，那些影子可怕的動物不過是被放大的貓狗兔子而已，如果他們選擇面朝外坐，他們就不會被自己嚇到，因為他們永遠背對著世界，世界也背對了他們。

困難不大，倒是我們的想像力滿大的。你得想像自己漂流到荒島上。

什麼意思？

每晚，你費盡力氣升起一大堆火，希望有經過的船看見火來救你。日復一日，月復一月，年復一年，你厭倦了升火，你想：「不升了，反正也沒船，沒用啊！目前為止一艘船都沒有，這次怎麼會有船來？」於是你停止升火，放棄了。

可在你停止升火第二天，偏偏船就來了，你怎麼辦？

你除了一直升火，一直升火，繼續升火，繼續升火，又能怎樣呢？別放棄啊！

第22計

「畫蛇添足」的新解釋

・你累壞了，眼袋大到可以當購物袋；你的世界兩點一線，家裡與辦公室；額頭上有用腦過度而形成的皺紋，毛孔跟鼴鼠洞一樣大。你不覺得一整天神經緊繃很累人嗎？神經緊繃會讓十全十美的人變得十分憔悴。

・人生是很短的，你一直注意短，那就一點價值也沒有了。

・人生大體就是這樣的，狂喜之後接著而來的可能會是一連串的挫敗和懷疑，然後再做出抉擇，也許又重新出發。

「畫蛇添足」，所有人都很熟悉的成語，每個人都知道意思是多此一舉。但是，不知道大家有沒有想過：他為什麼要幫蛇畫腳上去？他先把蛇畫好了，達成目標，一陣狂喜，但為何狂喜之後是懷疑？畫蛇添足，是真的多此一舉的無聊嗎？還是有更深層的原因而我們卻不曾細細思量？

先複習一下這個成語好了，在《戰國策．齊策二》裡。

昭陽為楚國伐魏，殲滅敵軍，殺死敵將，攻下八座城池，又轉兵攻打齊國。說客陳軫奉齊威王之令，往見昭陽，一見面就一再拜賀戰事的勝利；等昭陽揚揚自得時，站起來問道：「照楚國的法律，殲滅敵軍、殺死敵將，可得何等官爵封賞？」

「官為上柱國，爵為上執珪。」昭陽回答。

「比這更尊貴的，還有什麼呢？」

「只有令尹啦。」昭陽回答。

「令尹確實尊貴，但是楚王卻不曾設置兩個令尹呀！」陳軫說：「我替將軍打個比喻，可以嗎？楚國有人祭祀祖先後，將一罈四升的酒賞給門客喝。門客們互相商量道：『幾個人一起喝不過癮，一個人獨喝才痛快，讓我們在地上畫條蛇，先畫好的喝酒。』某甲先畫好了蛇，拿起酒來就要喝，一看別人還沒畫半條，於是左手拿著酒罈子，右手繼續畫著蛇，笑道：『哈哈！看我幫蛇畫上腳。』腳還沒畫好，另外一個人的蛇也畫好了，搶過酒罈子，說道：『蛇本來就沒有腳，你怎能替牠畫腳？』說完就喝下那罈酒。某甲為了畫蛇腳，結果沒喝到酒。現在將軍幫助楚國攻魏，消滅了敵軍，殺了敵將，佔了八座城池，楚國的軍隊還沒疲憊，將軍還想攻打齊國。齊國很怕將軍，將軍英名如斯，再顯顯威風，也夠了，該收了。要知道：戰無不勝的人，要是不懂適可而止，將來恐遭殺身之禍，官爵就歸屬後來的人了，就像畫蛇添腳一樣。」

昭陽於是停止攻齊，收兵回國。

～齊策二．昭陽為楚伐魏

＊＊＊

為什麼要幫蛇畫腳上去？注意到典故原文嗎？就是「一看別人還沒畫半條」。換言之，領先太多，得意忘形。所以當大部分的人都把畫蛇添足解讀為多此一舉時，我卻偏愛把它解讀為：拉高層次，提升格局。

畫蛇添足的人錯在哪？想把蛇畫得更好。你說他有錯嗎？想把事情做得更好難道也有錯嗎？職場上，誰不想把事情做得更好？你把事情做得比別人好，在職場夠亮眼，成為大家的眼中釘，那沒什麼，你早已有此認知。那麼，下一步該怎麼做？

「適可而止」四個字的重點不是「止」，不是停止，你拚命往前衝都來不及了，誰要你停止？

「適可而止」四個字的重點就在「適」，一種適當方法，一種領先別人的時候，找到讓自己衝得更快、站得更穩的適當方法。怎麼做？只有站得更高，看得更遠，拉高自己的層次。

從前有一個旅客，當他穿過一座濃密的樹林，看到有一區橡樹長得參差不齊，覺得破壞了整個風景的優美，他想：「假如這片樹林是我的，我一定把那些有礙觀瞻的樹木砍掉。」等他爬上山頂，鳥瞰這座森林時，竟發現那些他想砍掉的樹木，才是全景中最美的一部分，他不禁嘆道：「見樹不見林，不顧全局的看法，真是膚淺啊！」可見，要下一個判斷，找到讓自己衝得更快、站得更穩的適當方法，必須要通視全局，注意整體的比例及和諧才行。

逆風而行的人固然值得敬佩，但順風而行的時候卻不流於放逸，依然加快自己腳步的人更值得學習。領先之時，不可放逸，拉高層次，提升格局。

第23計

被人相信的感覺眞好

《尸子》裡的故事：

醫竘，是秦國高明的醫生，他為宣王割痤瘡，又幫惠王醫痔瘡，都治好了。張儀的背部腫了，請竘醫治。張儀對竘說：「背好像不是我的了，聽憑你去醫治。」醫竘藥到病除。

醫竘誠然善治病，而張儀也敢於讓他醫治。治病和治國是一個道理：必須大膽信任能人，讓他去治理，才能把它治好。

相信他，如此一來，他會發揮得更好。蘇秦為趙王出公差，有人對趙王嚼舌根，蘇秦回來後，趙王過了三天還不找他，來看《戰國策．趙策一》裡，蘇秦對趙王的比喻。

蘇秦為趙王出使秦國，回來之後，過了三天趙王還不接見他。蘇秦對趙王說：「我從前經過柱山，看見那裡有兩棵樹。一棵樹在呼喚自己的伙伴，另一棵樹在哭泣。我問它們其中的緣故，一棵樹回答說：『我已經長得很高大，年紀已經很老了！我痛苦的是那些匠人，將用繩墨量我，按著規矩雕刻我。』一棵樹說：『這不是我所痛苦的事情，這本來是我份內的事，我做一棵樹，本來就是要被砍伐利用的；我所痛苦的是自己彷彿像那鐵楔子一樣，人們讓我自己進去、自

己出來啊。』如今我出使到秦國，歸來後三天不得召見，恐怕有人把我當鐵楔子吧？」

～趙策一．蘇秦為趙王使於秦

＊＊＊

鐵楔子是匠人劈樹之後會自動落地而出的東西。蘇秦自比鐵楔子，表示自己被多疑的趙王當成空氣，不聞不問。趙王多疑，建議他向《戰國策．趙策三》裡的孝成王學習一下：

齊國人李伯拜見趙孝成王，孝成王很喜歡他，把他封為代郡太守。才做了沒多久，有人向孝成王告發他謀反。當時孝成王正在吃飯，聽完消息，默默吃飯。沒多久，告發的人又來到孝成王面前，但這次孝成王看都不看一眼。隨後，李伯向孝成王報告：「齊國發兵攻打燕國，我擔心他們以攻打燕國為名，率兵偷襲趙國，所以我已整兵，提前做好交戰準備；如今燕國、齊國已經交戰，臣下請求率兵奇襲疲憊的一方，可以多取土地。」

從此以後，為孝成王在外面辦事的人，沒有人心中懷疑孝成王不信任自己的。

～趙策三．齊人李伯見孝成王

＊＊＊

從自己心中升起的疑心還容易解決，如果是聽到謠傳而起疑心，那就嚴重得多。職場裡的誤會總是屢見不鮮的，但很少人知道：誤會可以造成意想不到的結果。誤會帶出了人們最好的一面，也會帶出人們最醜的一面。誤會並不完全是壞事，誤會也可以造就好事。成語「弄巧成拙」，意思是刻意造就的好事反而搞砸了；同樣的道理，砸了的事情很可能最後變成好事，哪裡開始無所謂，哪裡結束才重要。況且經由誤會過程而雙方澄清，往往比正常的溝通更增進了彼此的了解。

齊桓公很了解寧戚，準備重用他，讓他管理國家的政務。朝廷裡的大臣們卻到處散布流言蜚語，詆毀寧戚，說什麼：「寧戚是衛國人，衛國離齊國不遠，可以派人去了解一下，如果寧戚真是一個有才有德的賢人，再重用他也不算晚啊！」

齊桓公說：「不能這樣做。我擔心他有小小的過失。一般人常常會斤斤計較那些雞毛蒜皮的缺點而忽視他本質好的一面，這也就是世上不能得到有才有德的人的原因啊！」於是他連夜點燈設宴，請寧戚喝酒，並請他擔任齊國的相國。寧戚擔任了齊國的相國後，多次聯合各諸侯國，促進了天下的安定統一。

齊桓公可算是善於發現人才，使用人才的賢明君主啊！

批評聽起來很不好受，這就是我們弄錯批評者原意的原因。

要使別人可靠，你必須先相信他才行。被人相信的感覺真好；相信他，如此一來，他會發揮得更好。

第24計

用公司的東西都比較大方？

你有沒有把辦公室的釘書機、迴紋針、便利貼之類的小文具「不小心」帶回家用過？或者在使用這些文具時，完全充分使用，完全無慮愛惜，抱著一種「反正這是公司的，儘量用」的豪邁使用心態？在茶水間是否節約用水一如在自家使用？

是不是我們用公司的東西都比較大方？比較不愛惜資源？《戰國策．趙策一》提醒了一個很好的觀點。

趙惠王把武城封給齊孟嘗君，孟嘗君挑選有才幹的舍人去治理武城；臨行前，孟嘗君對新任的武城官吏說：「俗語中是不是有『借來的車子就一直奔馳，借來的衣服就一直穿著。』這句話？」

大家都說：「正是！這很正常嘛！」

「我認為這句話不對。」孟嘗君說：「借來的衣服和車子，不是親友的，就是兄弟的，用親友的車子而不知愛惜，穿兄弟的衣服卻隨意浪費，我認為這是不應該的。現在趙王不知道我不肖，竟把武城封給我。希望你們到那兒去治理之後，不要濫伐樹木，不要損毀房屋，凡事要儘量體諒趙國，讓趙王感悟而了解我。你們要謹慎治理武城，將來完完整整還給趙國。」

～趙策一．趙王封孟嘗君以武城

＊＊＊

珍惜不是自己的東西。孟嘗君不希望新任的武城官吏揮霍、恣意消耗武城的一切資源，而期待新官好好珍惜一切，謹慎使用，保存現況。

當最好的士兵，是為了當最好的將軍。從一個很小的地方就可以看出一個人能走多遠。紀伯倫說：「一個人的實質，不在於他向你顯露的那一面，而在於他所不能向你顯露的那一面。」辦公室很小，一舉一動別人都看在眼裡，別人只是不說出來罷了。

我們是否太容易把一切視為理所當然，而忘了感恩。如此，眼中很容易永遠只看到不足的地方。我們忘了自己其實是生活在優渥的世界裡，直到那些一無所有的人來教我們謙卑。

為什麼從「珍惜使用辦公室小文具」做起如此重要？

進了職場，不就是為了要實現夢想嗎？如何到自己的定位，一步一步實現夢想，一點一滴發揮自己的影響力？從哪做起？從「愛惜」這個最細微也最容易被忽略的小動作做起。

培養一顆珍惜使用身邊資源的心，所受獲益是人們無法想像的。朋友在壽險公司上班，十年前，她就自己隨身帶一雙筷子。中午用餐，剛開始沒人注意她，就算看了也不在意。但是，一天一天過去，一個月一個月過去，身邊的同事開始一雙又一雙，也開始自己隨身帶一雙筷子。只因為她一開始很單純地相信：「做一件事，讓世界更美。」最後是整間公司幾乎全部的人都不用免洗筷，她以最快速度升上經理，這是三年前的事。

我曾以為，朋友做的事是為了教育他人。不過我錯了，朋友這麼做，是因為那是正確的事。她使我了解到：任何源自內心的美好思想，那是絕對不夠的。要變成外在好榜樣，美好思想才有意義。如同梭羅所說：「一個人如果能畫出一幅傑出的畫，雕一座雕像，或美化某些東西，當然是很有意義的事，可是，如果能夠創造一種溫暖的氣氛，那就更了不起，因為這種氣氛會影響別人日常生活的風格，影響別人，使他溫暖，是最高超的藝術。」亦如《少年小樹之歌》一書中小樹的奶奶所說：「當你遇見美好的事物時所要做的第一件事，就是把它分享給你四周的人；這樣，美好的事物才能在這個世界上自由自在的傳播開來。」

如果今天有兩個職員被列入考慮升主管之列，兩人從外貌到內在，不論學歷、經歷、資歷、能力都差不多；在公司與他人互動也平分秋色，頗受好評；對公司忠誠度亦昭昭如日月，沒有第二句話。誰會被升等主管？

注意自己的小動作、愛惜公司資源的那個。

辦公室很小，你的小動作就告訴別人你是怎樣的人。

第25計 越爬越高之後

義大利作曲家威爾第五十歲時，一位十八歲的音樂家去拜見他。這位年輕人在交談中，總是只談自己和自己的樂曲，威爾第默默聽著。等年輕人講完了，威爾第說：「當我十八歲時，我認為我是最偉大的作曲家，也總是談『我』。當我二十五歲時，我就談『我和莫札特』。當我四十歲時，我已經談『莫札特和我』了。而現在，我只談『莫札特』。」

在職場裡，奮鬥越久，資歷越深，職位越高，是越來越謙虛、更努力注意德行來受人尊敬？還是為所欲為、認為無人可管可以一手遮天而越來越令人討厭？一念之差會造成一敗塗地，看看《戰國策．趙策三》裡的話。

平原君趙勝對弟弟平陽君趙豹說：「魏公子牟到秦國遊覽，當他要返回東方時，去向秦相應侯辭行。應侯對他說：『公子來去匆匆，不指教我一下嗎？』魏牟回答說：『即使閣下不問我，我本來也將向閣下進一點忠言的：地位尊貴了，即使不刻意求財，財也會送上門來；有了財富，即使不期望美味，美味也會自動呈上；有了美味，即使不想驕奢，驕奢也會惹身；一旦驕奢了，即使不願意慘死，也難逃慘死之命。翻開歷史來看，身遭這種慘禍的太多了。』應侯恭敬地答謝道：『公子用這些話來指點我，太厚愛了。』我很幸運聽到這些，就牢記在心裡，希望弟弟也別忘了。」

「我一定牢記住哥哥的話。」平陽君說。

～趙策三．平原君謂平陽君

＊＊＊

成功最大的作用在於它能遮蓋過程中所有大大小小的錯誤、失敗、自私、醜陋。這就是為什麼地位越尊貴，權力越高，自己的行為越會被放在放大鏡下一一檢視。王爾德說：「除了誘惑之外，我什麼都能抵抗。」這話真逗，很多東西會伴隨成功而來，附加的、連帶的，不想要都不行。比如嫉妒、聲名、威望、錢財、美色、不自覺的驕奢、下意識地瞧不起人，凡此種種，不一而足。

英國有句諺語：「偷一根針的人，也將會偷一頭牛。」不要小看自己的能力，包括做好事的能力和墮落的能力。所以，越是升到尊貴權位，越要注意自己的言行。

曹操有一次出兵，經過麥田，下令部隊不可破壞莊稼，觸犯的人將被處死，於是騎兵都下馬，用手扶著麥穗走過。

就在此時，曹操的馬卻突然跳到麥田裡，於是曹操與掌法的官員討論如何刑罰。

掌法的官員說：「依《春秋》的案例，刑罰不能上推到元首。」

曹操說：「我自己定下法令，卻又犯法，如何能率領部屬？」

說著，拔佩劍，割下頭髮，放在地上，說：「就權充是我的首級吧！」

整個部隊為之震驚。

《易經》上說：「暴得大名，不祥。」不只是名，太容易得來的富貴、權勢、財富，都要特別小心。紀曉嵐的《閱微草堂筆記》中的故事：

有一個叫李二混的人，窮得混不下去了，只好離開家鄉，去京師討生活。在途中遇到一位騎驢的少婦，李二混就上前搭訕，語帶調戲，但少婦完全沒理他。

第二天，李二混竟然又遇見那位少婦，這回，少婦丟了包成一團的手帕給他，然後就趕著驢子離開了。李二混將手帕打開，裡面是好幾枚金銀首飾，這對又餓又窮的李二混來說真是天下最好的禮物，於是他就拿著首飾上當舖，沒想到那些首飾正是當舖昨天晚上遺失的！李二混被當作是賊，送進官府，挨一頓毒打。

聽故事的人感慨：「李二混想調戲人家，結果反而被狐仙調戲了。」

另一個人則評論說：「不是狐仙調戲李二混，是李二混戲弄了自己啊！」

李二混「戲弄了自己」很有啟示：對於天上掉下來的禮物，如果抱著不撿白不撿的心態，那就很容易應驗一句話：幸福的時候最容易喪失使自己幸福的德行。

前面提到曹操的故事，他以身犯法之後，自斷其髮，看似威嚇，但還是有人更勝一籌。古希臘立法委員查忍達斯（Charondas）立法禁止公民在公共場合攜帶武器，有一天他忘了自己訂立的法律，公然帶劍入場，當有人提醒他違反了他自己訂立的法律時，他居然拔劍自裁，比曹操「斷髮」更激進，直接「斷頭」。

越爬越高不難，因為逆境之中人們會驚異自己刻苦的超水準能力。難的是之後，安逸帶來的鬆懈，潛伏的陷阱更大，就像盧梭的名言：「名譽是人的呼吸，有時是不衛生的。」

第26計

搖椅與胃

《于陵子．人間》有個寓言：

中洲的一隻蝸牛，覺得自己實在無所作為，狠狠地把自己褒貶了一番，然後決心大幹一場。

牠想：如東去泰山，總計要走三千多年；如南下江漢，也需三千多年。而算算自己的壽命，不過早晚都要死去。

想到這裡，牠不勝悲憤，慨嘆自己的抱負難以伸展，終於枯死在蓬蒿上，遭到螻蟻的嘲笑。

《戰國策．宋衛策》使我們領悟到：職場蝸牛，真的很多。

魏太子申親自率兵攻打齊國，當部隊經過宋國時，徐子對太子申說：「我有百戰百勝的戰術，有興趣嗎？」

「說來聽聽。」魏太子申說。

「樂意之至。」徐子回答：「現在太子親自率兵攻齊，就算大勝且攻下莒城，那太子的財富也不過是擁有魏國，再尊貴也就是個魏王罷了；如果不幸失敗了，那就永遠不能擁有魏國了。這就是我的百戰百勝術。」

「好，我一定聽從閣下的話，率兵回國。」魏太子說。

「太子即便要回國，已經辦不到了。」徐子冷冷地說：「脅持太子征戰以便滿足私慾的人太多了，太子即使想回國，恐怕不可能了。」

魏太子上了戰車，便下令班師回國。

駕車的將士說：「大將率軍出征卻折回，與敗北同罪，不如繼續前進。」

魏太子拿不定主意，只好繼續率軍前進。這一去不回頭，可憐落得兵敗身亡，終於不能擁有魏國。

～宋衛策・魏太子自將過宋外黃

＊＊＊

為什麼拿不定主意？有三個原因：

第一，**自信不夠**。有些事不是努力就有用的，你比我清楚這一點。

第二，**準備不夠**。人人都知道準備是成功的祕訣，都知道機會是屬於準備好的人，但往往當你還在準備時，結局已經發生了。

第三，**判斷不夠**。判斷不夠不是判斷不足，而是判斷太多，多到自己都找不到答案。

「我覺得你已經做得很好了。」

「我就是需要別人告訴我。」

我們想太多，行動太少。

沒有行動還以為正在前進，結果是原地踏步。我們行動太少而且行動太慢，腳步太小、耐力不夠、毅力不足。

「你覺得我迷失了嗎？」

「那要看你在追求什麼。」

我不相信有人去想人生問題，根本就沒有什麼人生問題，想太多人生問題只會產生問題人生。猶豫像搖椅，它使你忙著，卻不能使你前進。許多人說眼見為憑，所以眼不見則猶豫，他們無法相信那些看不到的東西。高壓電線上的電，你看不見，可是你敢碰上一碰嗎？不敢啊！你看不見電，可是你能看見它的光。

「雖敗猶榮」永遠出自失敗者之口。羅素說：「我從來不對我應該做的事，有過片刻的懷疑。」

很喜歡《後漢書．郭泰傳》的故事：

孟敏，字叔達，是巨鹿楊氏人。

他在太原居住的時候，一天上街，不小心把拿著的煮飯罐子掉在地上，摔得粉碎。可是他連看都不看一眼，徑直走了。

郭泰見了很奇怪，就問他原因。孟敏回答說：「罐子已經摔破了，看它又有什麼用呢？」

人生太短，機會太少，沒有潛能可以浪費、沒有機會可以搞砸。你對預期的事感到焦慮嗎？未知的東西無法傷人。你在怕什麼？

電視上有個日本頻道，裡頭有個節目有各種比賽，有一次我看了大胃王比賽才知道：胃一公升，可以撐到四公升。

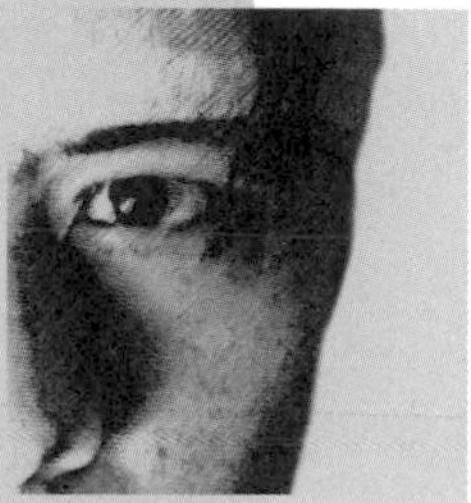

思考 6

吃比瘦更有福

有機會吃，為何不吃而讓自己挨餓變瘦？
有機會讓老闆對自己加分，為何白白放棄？
你不會稱讚一個女生的化妝品很好，
你只會直接稱讚她漂亮。

第27計

比老闆想得更遠、想得更細膩、想得更周全

有一窩蜂跟別人湊熱鬧的老闆，就要有在旁邊冷靜幫忙踩煞車的職員。老闆衝，你也衝，你衝我也衝，兩人一起衝，最後是撞成一團。職場最重要守則之一：如果有機會表現優秀，你要表現得超級優秀；如果老闆看到一公尺外，建議你至少要看到一公尺半以外。來看《戰國策・楚策三》裡的故事。

秦國攻打韓國宜陽時，楚懷王對陳軫說：「寡人聽說韓侈是智謀之士，精通天下諸侯的政情，大概能夠守住宜陽城。正因為他能守住宜陽，寡人想趁這個機會送個人情給他。」

「算了！大王千萬別這樣做。」陳軫回答：「韓侈的智慧有限，而且這次自身難保。在棲息山川的野獸中，再沒有比麋鹿更狡猾的，麋鹿知道獵人先在前面張網，才來趕牠去落網；因此就往回跑，猛撞獵人而突圍。精於狩獵的人知道牠的狡猾，於是假裝張網朝前趕；麋鹿重施故技來撞人，就被網住了。現今諸侯明知韓侈善於權詐之術，假裝舉起網朝前趕的必然很多，請大王別做這個人情去討好他。韓侈智慧有限，這次要陷入困境了。」

楚懷王採納了陳軫的建議，不出陳軫所料，後來宜陽果然陷落。

～楚策三・秦伐宜陽

＊＊＊

楚懷王一頭熱，陳軫認為眼光要放遠，最後真的如陳軫所料。眼光放得比老闆遠，有時要多做一些事。陳軫**比老闆想得更遠、想得更細膩、想得更周全，幫老闆節省資源**。來看《戰國策・齊策三》裡的故事：

齊國打算派兵攻打魏國，淳于髡對齊威王說：「韓子盧是天下跑得最快的狗，而東郭逡是海內最狡猾的兔。有一天韓子盧追逐東郭逡，繞著山追了三圈，翻越五座山嶺，結果跑在前面的兔精疲力盡，落在後面的狗也趴在地上，狗和兔都累壞了，死在原地。一個農夫見了，不費一點力氣就得到兔和狗。如今齊、魏連年交戰，武器損壞，軍隊疲憊，我唯恐強大的秦、楚跟隨在後邊，會像農夫一樣的不勞而獲。」

齊威王聽了很害怕，趕緊遣散已徵調的將士。

～齊策三・齊欲伐魏

＊＊＊

淳于髡的分析憑什麼打動齊威王？鷸蚌相爭，漁翁得利，強行派兵，勞民傷財，讓秦不勞而獲。齊威王不但自損，而且送秦大禮，吃力不討好，自取滅亡，淳于髡擊中要害，齊威王弱點被點破，當然撤兵。這是**比老闆想得更遠、想得更細膩、想得更周全，幫老闆避掉災禍**。再看另一個故事：

孟嘗君不喜歡食客中的某人，想把他趕走。魯仲連對孟嘗君說：「猿猴和獼猴如果離開樹木住在水邊，魚鱉都比牠們敏捷；騏驥如果遭逢災難，就不如狐狸靈活。曹沫舉起三尺長的劍，一軍的人都不能抵抗。假如叫曹沫放下劍，拿起除草器具，和農夫一起在田裡工作，就不如農夫了。由此可知，一個人如果捨棄優點，發揮缺點，就是帝堯也做不到。現在差遣人做事，若不會做，就稱『無用』；教導人做事，若聽不懂，就說他『笨拙』。笨拙的就罷退他，無用的就趕走他，使得人們不肯和這些被遺棄的人共事。那麼這些被棄逐的人必定逃往國外，想盡辦法來破壞我們，以報復往日之仇。這難道不是為人處事的一大鑑戒嗎？」孟嘗君聽了之後，頗以為然，也就不驅逐那位食客了。

～齊策三・孟嘗君有舍人而弗悅

＊＊＊

魯仲連的分析憑什麼打動孟嘗君？縱虎歸山，幫助敵人壯大，在內部服務過的人一旦轉到同行，不僅造成同行競爭，還可能挾怨報復，孟嘗君豈不是搬石頭砸自己的腳？這是**比老闆想得更遠**、**想得更細膩**、**想得更周全**，**幫老闆減少競爭對手**。

《戰國策》裡，那個自稱「無好」、「無能」的馮諼，對他的老闆孟嘗君極為不滿。一會抱怨「食無魚」、一下又說「出無車」，還提出「無以為家」的「暗示」。後為孟嘗君到薛地收債，「市義而歸」。一年之後，孟嘗君不受齊王重視，回自己封地薛，受到百姓夾道歡迎，才體會到當初馮諼為他「市義」的作用。馮諼又為孟嘗君復鑿二窟。「謀復相位」、「立宗廟於薛」。使孟嘗君為相數十年，無災無難。這是**比老闆想得更遠、想得更細膩、想得更周全，幫老闆預鋪後來之路**。

最後看《戰國策．宋衛策》足智多謀的故事：

智伯贈送給衛悼公四百匹駿馬和一雙白壁，衛悼公狂喜，群臣也道賀。偏偏南文子眉頭深鎖。衛悼公就問：「人家大國難得那麼高興，送給我大禮物，你為什麼反而愁眉苦臉呢？」

南文子說：「無功受賞，那就得好好探究一下對方的用意。四百匹駿馬和一雙白壁，本來是小國送給大國的禮物，現在反而由大國送給小國。請君王深思！」

衛悼公就傳令邊境加強防禦措施。智伯果然派兵偷襲衛國，但到了衛國邊境就自動退兵了。智伯說：「衛國有足智多謀的臣子，已經先知道我的謀略了。」

～宋衛策．智伯欲伐衛

這是**比老闆想得更遠、想得更細膩、想得更周全，避免老闆因貪小而失大**。

在想得更遠、想得更細膩、想得更周全之前，先想想老闆沒想到什麼。

第28計

如何用苦肉計讓老闆相信你？

・人彼此之間都有好戲看。
・不要生氣，爛人本來就很多，而且你一定會遇上。
・有些事就是提早知道了，也無可奈何。
・有時盡力比順其自然的結果更糟糕。

你的正義感有時會害了你。在職場，不是你去通報每件壞事就可以成了英雄。因為做壞事的人比你厲害十倍，他總有辦法逃出你的舉發：透過強辯、演戲、否認，所有你想得到、想不到的招數他全比你厲害。來看《戰國策・中山策》的故事。

中山臣司馬憙要趙國為自己求相位，公孫弘暗中知道了這件事。有一天，中山王出外巡視，由司馬憙駕御，公孫弘陪坐在右。公孫弘趁機對中山王說：「做人臣子的，要是假借大國的威勢來為自己求相位，大王覺得如何？」

「我要吃掉他的肉，一點兒也不分給別人。」中山王說。

司馬憙一聽這話，就對著車前的橫木猛叩頭說：「我自己知道死期到了！」

中山王問道：「為什麼？」

「我可能要抵罪的。」

「繼續趕車吧！我知道了。」

過了一段時間，趙國派人來中山，替司馬憙求相位。中山王懷疑那是公孫弘設下的陷阱，公孫弘只好趕緊逃走。

～中山策・司馬憙使趙為己求相中山

＊＊＊

職場有一種人很討厭：那就是專打小報告的人。司馬憙被公孫弘當場惡整，他做的事是死罪，但還有辦法讓老闆以為他是被公孫弘陷害，那就是因為公孫弘忽略了致命的一點：當你要在老闆面前嚼某人舌根時，自己先拿出天秤來秤一秤自己和那個要被你打小報告的人在老闆心中到底是誰有份量。

中山王也很笨，手下隨便演個苦肉計，自己就失了判斷。如果你靠打別人小報告一路當到主管，你的手下也會投其所好。要判斷手下誰忠心誰虛偽，《韓非子・內儲說上》的故事很值得參考：

韓昭侯手攥著自己的指甲，故意在朝廷裡向人們說自己丟了一個指甲，並且裝模作樣尋求得十分焦急。這樣一來，朝廷左右官員便紛紛剪下自己的手指甲奉獻給他。

韓昭侯用這辦法來考察朝廷左右官員忠誠與否。

職場多偽，演戲者多，像司馬懿這麼會用苦肉計來欺騙老闆，實在令人難以識破。再舉一個明代宋濂《龍門子凝道記．段千微》裡的故事：

有個叫子之的人做了燕國的相國。一天，他坐著說假話：「剛才是誰的白馬跑出門外呀？」身邊的人都說沒有看見。

一個人追了出去，回來報告說：「是有一匹白馬！」

子之用這個辦法了解到身邊那些不忠誠、不老實的人。

演戲吧！就算做了壞事被人告到老闆那，作賊心虛就不妨先裝可憐；打小報告嗎？小心自己在老闆心中地位沒人家重要，反而打斷自己的路。

不過，公孫弘一定不服氣：「我哪裡做錯了？說真話也錯了嗎？」演苦肉計的固然奸詐；被騙的老闆也屬愚蠢；但扯後腿扯到最後丟掉工作，自己也該檢討。

對，有可能是公孫弘的問題。要想讓別人聽進真話，一定得親切地表達。只有真誠地用心表達，你所要傳達的理念才能平易近人。如果你傳達給別人的訊息不被對方了解，要不就是你說的話並不真實，不然就是你沒有用心地傳達。

曹操被封為魏王後，在諸子中選立繼承人，曹植素有文才，很聰明，深得曹操喜愛。長子曹丕的太子地位有可能被曹植奪去，為此很憂慮。於是曹丕向大臣賈詡討教，然後「深自砥礪」、「矯情自飾」起來。一次，曹操要出征，諸子前往送行，曹植寫了長長一篇文章，稱頌父親的功德，當眾朗誦，聲情並茂，曹操和大臣們大為歡悅。接著曹丕出來送行，他不說什麼，只是淚流滿面，伏地而拜，表示為文王將要出生入死赴沙場而擔憂。曹操在比較之後，覺得曹植雖有才，但華而不實，不如曹丕心誠。後來，曹操終於定曹丕為太子。

裝可憐、假無辜、演苦肉計就像當個好廚師、好老師或是打字一樣。要做好任何事都需要練習：不論你多有天賦，如果不反覆練習，你就無法做得自然。只要你表達得不自然，你的「表演」，被採信的機率就相對減低了。

第29計 如何拍老闆馬屁？

《管子》裡有一則寓言：

齊桓公騎馬外出，有一隻老虎遠遠看見就趴在地上。

齊桓公問管仲：「今天我騎馬外出，老虎遠遠看到我就嚇得不敢動，這是什麼緣故呢？」

管仲回答說：「我猜想您一定是騎著一匹駁馬，迎著太陽奔馳吧？」

齊桓公說：「正是。」

管仲接著說：「這駁馬的樣子很像駮，駮是能吃老虎和豹子的，老虎以為遇上了駮，所以才被嚇得不敢動呀！」

管仲錯失了拍老闆馬屁的大好機會，他應該趁機說：「您威儀端正，內修品德，外有功績，連老虎都下拜。」對喜歡拍老闆馬屁的職員而言，還是來看看《戰國策．楚策一》裡江乙的特異功能：拍馬屁於無形，抬自己身價而有功。

（橫批：升等有望）

楚宣王向群臣問道：「我聽說北方諸侯都怕昭奚恤，到底是怎麼回事？」

群臣都不出聲，魏客卿江乙回答說：「老虎到處尋找各種野獸充飢，抓到一隻狐狸。狐狸說：『你不敢吃我！天帝派我當萬獸之王，你要是吃了我，那就違逆了天帝的命令。如果不信，就緊跟在我後面，看看誰見了我敢不讓路的？』老虎覺得有道理，就跟在狐狸後面，大家一看到牠們，果然都逃走了。那隻老虎卻不知道野獸是怕自己才逃走的，還以為是怕狐狸呢！如今大王的土地方圓五千里，精兵百萬，全部都交給昭奚恤指揮，所以北方各國才怕他。其實他們是怕大王的百萬雄師，就像各種野獸怕老虎一樣。」

～楚策一・荊宣王問群臣曰

＊＊＊

如果昭奚恤有真本領，讓北方諸侯都怕他，江乙憑什麼說北方諸侯是因為楚宣王把百萬雄師交由昭奚恤才怕他？

江乙這麼一說，有三大效果立現：

第一，消除楚宣王疑慮。功高震主，最是大忌。

第二，滿足楚宣王好大喜功的心。
第三，迎合楚宣王「大家都要對我忠心耿耿，不能叛變」的絕對權威心態。
楚宣王的個性很有代表性，他代表三種老闆：
第一，多疑的老闆。（動不動懷疑部屬不忠誠。）
第二，服人口不服人心的老闆。（當他懷疑部屬不忠誠，底下竟然沒有人敢回答。）
第三，喜歡建立絕對權威的老闆。（一定會有像江乙這種人投其所好。）
《戰國策・宋衛策》有另一則讓老闆更有信心的故事，算是初級班的：

宋康王時代，在城牆角裡有隻麻雀孵出了一隻猛鸇。康王叫太史來占卜吉凶，太史占卜後，吞吞吐吐地說：「小鳥而生大鳥，主霸天下。」

宋康王樂壞了，於是就滅滕，伐薛，攻佔楚國淮北之地。從此康王更加自信，恨不得很快就稱霸天下，竟狂妄到用箭射天，拿板子打地，並斬毀社稷而燒成灰。他揚揚得意地誇口說：「看我用威力降服天地鬼神。」

～宋衛策．宋康王之時有雀生鸇

這位太史實在夠乖覺的了，一句話讓他的老闆做出「滅滕，伐薛，攻楚」的超水準演出。這個故事真可說明一點：「人果然是需要別人從旁幫忙拉一把。」據統計，公司職員人員的表現大概可以有三種分類：約有百分之十至二十的員工是對公司死忠的，會主動跟隨公司經營方向、政策而走；也有百分之十至二十的員工是老喜歡與公司有不同意見或唱反調的，而其餘的百分之六十至八十的員工是不太表示意見或是中間派，會被前兩種人帶著走。換言之，約有一至二成員工不排斥諂媚老闆。但不管你是屬於哪一種人，每個人都希望別人用不同的角度肯定自己。不管是三歲小孩或是一百零三歲的老人，都需要被人肯定。

不過，人心難測，老闆之心尤其難測。《戰國策．齊策三》有個很聰明的人用了絕佳的妙法猜到老闆的心意：

齊威王夫人死了，有七名妙齡美女都很受威王的寵愛。靖郭君想知威王究竟要立哪一個美人為夫人，就獻給威王七副玉耳環，但其中一副特別美，旁人一看眼睛就為之一亮。靖郭君早就算準齊威王會把耳環賞送給眾美女。第二天，靖郭君只要看哪個美人戴上那副最美的耳環，就勸威王立她為夫人。

～齊策三‧齊王夫人死

靖郭君度測老闆心意的境界真是屬於進階班的。「人，只有在他感覺自己被追的時候，他才快跑。」你該提醒那些值得讚美的人：「他們所做的一切，是多麼有意義。」這守則適用所有職員與主管。

第30計 不要懼怕去指出老闆的錯誤

・一位創意總監跟我說過：「如果有兩人思想一樣，解雇一個。——你要副本做什麼？」

・「你以為你是誰？可以這樣跟我說話？」

「我是唯一敢跟你說真話的人。」

・想太多，會失去人生的樂趣。你是強者，強者的意見永遠是最好的。

・一位老闆的名言：「我喜歡批評，不過得按照我的方式。」

該不該指出老闆的錯？怎麼做？〈趙策三〉的虞卿做了很好的示範。

魏國想和趙國締結合縱之盟，於是派人到趙國，想透過平原君趙勝的遊說，達到目的。可是，經過平原君三番兩次遊說，趙孝成王還是不願意。當平原君退出時，遇到虞卿，叮嚀說：「如果入宮，要勸君王加入合縱之盟啊！」

虞卿入宮，孝成王就跟他說：「剛剛平原君幫魏國來請求合縱，寡人根本不聽。你覺得呢？」

「魏國錯了！」虞傾回答。

「正是！所以寡人不聽。」孝成王說。

「大王也錯了。」虞卿又說。

「什麼？」孝成王有點驚訝。

虞卿說：「凡是強國和弱國打交道，強國坐享其利，弱國則受其害。現在魏國來請求合縱而大王拒絕，這就等於魏國自求其害而大王辭掉利益。所以我才說魏國錯了，而大王也錯了。」

～趙策三．魏使人因平原君請從於趙

＊＊＊

平原君勸說趙孝成王失敗，很可能是因為他沒有指出趙孝成王錯在哪。沒有效率的勸說，就算勸對方勸到連自己都心肌缺氧，對方還是無動於衷。

不要懼怕指出別人的錯誤，虞卿就做得很好，很自然說出趙孝成王自己失掉獲利的機會。

艾森豪將軍曾有個參謀，經常與他意見不合，時有勃谿。有一天，這位參謀自動請辭。

艾森豪問：「為什麼要走？」

參謀老實回答：「我和你常意見衝突，你大概不喜歡我，不如我另謀出路算了。」

艾森豪很驚訝說：「你怎麼有這種想法？如果我有個意見一致的參謀，那我們兩人當中，不就有一個人是多出來的？」

最後，艾森豪把參謀給勸留下來。

過份在意別人對你的看法，就是你對自己沒信心。人們對於自己尊敬的人總會想引起他的好感，如果你期待他的尊重，你就別怕跟他意見不合。

所以，不要懼怕立場跟別人不同，尤其不要懼怕立場跟老闆不同，你對公司的另類貢獻，一定會受到同事的讚賞和老闆的肯定。來看《戰國策·齊策三》裡，蘇代以巧妙的比喻指出他的老闆孟嘗君的錯誤，成功地使孟嘗君打消念頭的故事：

孟嘗君田文打算應邀到秦國去訪問，有上千的人勸他不要，但他一概不聽。蘇代也想來勸他，孟嘗君很不耐煩地傳下話說：「關於人的事，我都聽說了；我沒聽說過的，只有關於鬼的事罷了。」

蘇代恭恭敬敬的說：「我這趟來，本就不敢談人事，正想談談鬼事。」

孟嘗君只好接見蘇代。蘇代向孟嘗君說：「這次我來齊國，經過淄水，看到一個土偶人和一個桃木刻的人在吵架。木偶對土偶說：『你本是西岸的泥土，被捏成一個人形；到了八月，下場大雨，淄水上漲，你就毀了。』土偶說：『不要緊，我本來是西岸的泥土，毀壞了還是泥土，仍舊歸西岸。你是東國的桃木梗，被刻削成人形；下場大雨，淄水上漲，水就會把你沖走，那時你將不知漂泊到何處呢！』現在的秦國是個四面險固的國家，就像虎口一般，閣下一旦進入，我就不知閣下能從哪條路逃生了。」

孟嘗君仔細一思量，就打消了去秦國的念頭。

～齊策三・孟嘗君將入秦

孟嘗君錯了，錯了不稀奇，每個人都犯錯，但他錯到手下每個人都看出來，那就表示他錯得滿離譜的；但更離譜的是他不准手下指出他的錯誤。還好蘇代不怕指出對方錯誤，用巧妙的比喻成功勸退了孟嘗君。

有人問鮑威爾將軍成功的秘訣是什麼，他想了想說：我成功秘訣是：

- 急事慢慢地說
- 大事想清楚再說
- 小事幽默地說
- 沒把握的事小心地說
- 做不到的事不亂說
- 害人的事堅決不說
- 沒有發生的事不要胡說
- 別人的事慎重地說

・自己的事怎麼想就怎麼說
・現在的事做了再說
・未來的事未來再說

急事、大事、小事、沒把握的事、做不到的事、害人的事、沒有發生的事、自己和別人的事，全都是職場會發生的事。有些話我們永遠不願意聽到；有些話我們說出來，是因為繼續沉默也沒什麼好處；有些情形則是：你做了什麼比你說了什麼來得更重要；有些話你說出來，是因為逼上梁山，別無選擇；有些話不用說，因為不言自明。話該怎麼說，事要怎麼做，真的要很用心。

第31計

小心老闆身邊的紅人

・弘一大師《格言別錄》：「氣忌盛、心忌滿、才忌露。」

・懲罰一個人最好的方法，就是讓他心中一直保持恨意。

・嫉妒是專門把瑣碎事物放大的顯微鏡。

・早知你喜歡被折磨，我就不折磨你了。

小心老闆身邊的兩種人：第一，紅人、得寵之人；第二，想成為紅人、得寵之人而拚命巴結老闆，一天到晚黏在老闆身邊的人。來看《戰國策・魏策二》裡，惠施說了什麼關於這方面的建議。

田需極受魏惠王重視，惠施建議他：「閣下一定要好好對待君王左右的人。那楊樹，橫著栽可以活，倒過來種也可以活，折斷了栽還可以活。然而派十個人種楊樹，如果有一個人來拔它，就不會有活的楊樹了。憑著十個人的多數，栽種容易生長的楊樹，卻抵不過一個人的破壞，是什麼道理呢？因為種起來難，而拔掉容易呀！如今閣下雖然在君王心中已經樹立了自己的地位，但想把閣下拔掉的人卻很多，閣下處境必然危險。」

～魏策二・田需貴於魏王

＊＊＊

惠施對田需的勸告，顯示三點職場守則：

第一：善待老闆身邊的人。

當然不是要你去巴結、諂媚他們，你當然不會指望他們幫你，但也不可能不提防他們阻礙你。也許他們嚼舌根一流，嫉妒心超重，你不能不小心這一點，別一直讓他們佔你便宜，得寸進尺。判斷自己是不是一個成熟的人，關鍵就在於自己是不是一直重複過去的錯誤。所以美國人形容甘迺迪總統的詞很有用：Grace under pressure（壓力下仍維持優雅），在生命重量下的微笑。老闆身邊烏雲罩頂，你不能自黯其芒。

第二：職場內升等、竄紅很難，但摔下去很容易。

每個人心底或多或少都會自認比別人優越。有比較就有競爭，有競爭就產生排擠，這些都是正向的。忘了是歌德還是誰說的：「人，要站在眾人之間才像個人。」除非你到「一人公司」，或公司就你一人，否則你一定要在人群之間生存。有多少人就有多少心，所以一定要學會怎麼跟特定人物、難搞份子互動，不然他們的一舉一動會讓你很難過，不管如何都會痛苦，所以我建議你還是苦中作樂。

第三：當你自以為已經是老闆想拔擢的人，但你的敵人蠢蠢欲動，想把你拔掉，所以誰拔誰還不一定。

「為什麼心懷嫉妒的人總是心情沮喪呢？」

「因為折磨他的不僅有他本身的挫折，還有別人的成功。」

在事情惡化到無法控制之前，我們必須先考慮到自己會多受傷。你無法等待什麼人剛好經過身邊拉你一把。你只能自己拉自己。

小心老闆身邊的紅人，這到底有多重要？再來看《戰國策．楚策四》兩個故事：

魏襄王送給楚懷王一位美女，楚懷王很喜歡她。懷王的夫人鄭袖看在眼裡，也非常喜歡這位新人：衣服首飾，投其所好；住房臥室，極盡打點。她愛魏美人，比楚懷王還愛。

懷王可得意了：「婦女憑姿色侍奉丈夫，本性好妒。如今鄭袖知道我喜歡這位新人，她也愛新人，甚至比我還愛。這是孝子侍奉父母、忠臣侍奉君王的表現呀！」

鄭袖知道懷王認為自己不嫉妒了，就對魏美人說：「大王很欣賞妳的姿色；不過，他嫌妳的鼻子。妳要是晉見大王，要記得用手摀住鼻子。」

魏美人很感激鄭袖，見懷王的時候，就用手摀住鼻子，更顯得嬌滴滴的，這下懷王更沉迷於魏美人的媚態。有一天，他跟鄭袖談起魏美人，便問道：「不知道為什麼，新人見了我，總是用手摀住鼻子。」

「我知道。」鄭袖欲言又止。

「快說快說！我不會介意的。」懷王笑著催促。

「她好像很討厭聞到君王的體臭吧！」鄭袖慢慢說。

「可惡！太囂張了！」懷王恨恨地說著。

懷王立刻下令割掉魏美人的鼻子，不許抗命。

～楚策四．魏王遺楚王美人

這位新人真的太大意了，對楚懷王的夫人鄭袖一點戒心都沒有，終於落得不堪的下場。再看另一個故事：

有人對黃齊說：「人們都認為您和富摯的關係不好。您沒有聽說過老萊子教孔子侍奉國君的事嗎？先讓孔子看自己的牙齒原先何等堅固，又說六十歲就掉光了，是因為互相打磨的結果。如今富摯有才能，可是您與他的關係很不好，這如同牙齒相磨，會兩敗俱傷的。諺語說：『看見君王的馬車，就從自己車上下來，看見君王的手杖，坐著也要站起來。』如今大王很喜歡富摯，可是您卻和他關係弄不好，這實在不是臣下應有的行為。」

～楚策四．或謂黃齊

老闆喜歡的人你當然沒必要也跟著喜歡——其實你我都知道：老闆喜歡的人

往往是被其他人不喜歡的人——但絕對沒必要讓老闆喜歡的人討厭你。跟老闆喜歡的人關係搞不好，這是需要警覺的情形。如果不幸老闆身邊的紅人正是你的敵人，沒關係，敵人使你進步，生命就是改變。如果你不示弱，你就是最強的人。對於害怕的事，不是不去想，而是想更多、想更深、想更遠。更何況敵人故意對人不對事，很多情形還是自己真的做錯了呢！切記：

要反省自己，但不要對自己失望。

要批評自己，但不要對自己沒信心。

要責備自己，但不要失去勇氣。

結論：你必須和那些會傷害你的事物保持距離。

第32計

「君子可欺以其方」：爲自己找藉口的要訣

《孟子．萬章》裡有個很棒的故事：

從前，有一個人送了一條活魚給鄭國的子產，子產叫管池塘的小吏把牠養在池塘裡。

沒想到，那個小吏竟然把魚煮來吃了！卻回報子產說：「剛把那條魚放進池塘裡時，還要死不活的，過了一會兒，牠就搖頭擺尾地活動起來，突然間就游往深處，不知去向了。」

子產說：「魚兒到了牠該去的地方啦！到了牠該去的地方啦！」

小吏出來後對人說：「誰說子產聰明過人？我早就把那條魚煮來吃了，他還說『魚到了牠該去的地方！到了牠該去的地方！』」

孟子發出感慨的結論：「所以說，正人君子可能被聽起來合情合理的話所蒙蔽（君子可欺以其方），但很難被不合情理的話所欺騙。」來看《戰國策·趙策一》裡的腹擊如何為自己找藉口，不但免禍，還被稱讚。

腹擊建造官邸，造得很大，荊敢就把這件事報告朝廷。主父（趙武靈王退位後的稱號）把腹擊叫來責問道：「有必要造那麼大的屋子嗎？」

腹擊回答說：「我是外國來的客卿，官位雖高，俸祿很低。假如官邸太小，眷屬又不多，大王即使信賴我，恐怕百姓都會說：『一旦國家有大事，腹擊必然不會為趙國效命。』所以我把房子蓋大了，讓百姓安心，覺得說『腹擊一定會肝腦塗地來報朝廷恩。』」

主父說：「做得好！」

～趙策一・腹擊為室而鉅

＊＊＊

這個故事有三點值得注意：

第一，**職場很多愛打小報告的人。**（荊敢把腹擊建造官邸造得很大這件事報告朝廷）

第二，**職場很多人聽了小報告就找你的老闆。**（趙武靈王馬上就把腹擊叫來責問）

第三，在職場，第一和第二總是接續發生。

如果你老闆看到一切圓滿，才會放心。這說明兩件事：第一，他是一個好老闆。第二，他是一個痛苦的老闆。

在職場，為自己找藉口很重要。舉一個大家最常遇到的狀況：如果想請假，用什麼藉口？

合理藉口的認定，當然因公司而異。在這方面有一個很有名的故事，是關於芝加哥梅傑公司一位前途似錦的年輕主管，如何拿自己前途「冒險」：

有一天已近下班時間，他還在開會，而會議似乎天長地久，沒完沒了。他當著總經理的面，對著同事宣布：「我先走了，因為我答應兒子要去看他在小聯盟打球的情形。」有同事（平時與他有嫌隙的人終於抓到機會諷刺一下）開始竊笑說：「現在我們終於知道你生活的優先順序是什麼了。」沒想到，總經理卻說：「去吧！這群小娃兒球打得真好。」

我看完這個故事的第一直覺是：總經理的小孩跟他小孩打過棒球！所以他真懂得為自己提早下班找藉口。要是在另一家公司的話，情況可能完全相反。

自己得了便宜，又得老闆信任，這，就是藉口的威力。來看《戰國策．魏策三》的故事：

齊國要討伐魏國，魏惠王派人跟淳于髡說：「齊國想要攻打魏國，能夠解除魏國外患的，只有先生了。敝國有兩對寶貴的璧玉，兩輛四馬拉的華麗馬車，要奉獻給先生。」

「沒問題。」淳于髡信心滿滿。

於是淳于髡就入宮對齊威王說：「楚國是齊的仇敵，魏國才是齊的友邦。攻打友邦，讓仇敵趁我疲憊而入侵，徒使親痛仇快，何苦來哉？」

「好！就聽你的。」齊威王說。

齊威王已決定不攻打魏國了，卻有個賓客來對齊威王說：「淳于髡私下接受魏國的璧玉駿馬，才主張不攻打魏國。」齊威王聽了覺得很不是滋味，回頭就責問淳于髡說：「聽說先生接受魏國的賄賂，可有此事？」

「有啊！」

「那麼先生為寡人策畫的事又怎麼講呢？」

淳于髡慢條斯理地回答：「假如攻打魏國的事不利於齊，那麼魏國即使把我刺死，對大王又有什麼好處呢？假如大王真的認為伐魏不利於齊，魏國即使加封我，對大王又有什麼損失呢？況且大王沒有攻打盟邦的臭名，魏國沒有被滅亡的危險，人民沒有遭受兵災的憂患；而我有寶玉駿馬可用，對大王又有什麼損害呢？」

～魏策三・齊欲伐魏

淳于髡收受好處，胳臂往外彎，這在今天的任何一家公司大概早就被開除十次了。但他振振有詞，倒也言之成理；最重要的是：他讓老闆覺得沒有損失又保住眼前局勢。

相較於淳于髡背著老闆收受好處，有個人叫鄭強，自作主張，假傳老闆之令。《戰國策．韓策二》記載他如何以藉口巧妙地為自己脫罪：

韓公叔幫助公子咎與幾瑟爭奪國權。鄭強替楚王出使韓國，假傳楚王之命，把楚國的新城、陽人兩地劃給了幾瑟，以此來幫助幾瑟與公叔爭權。楚王很生氣，將要降罪鄭強。鄭強說：「臣下假傳王命，送給幾瑟土地，是為了楚國的利益。請讓臣下說一說其中的道理。幾瑟空得兩地，與公叔爭權，如果真能成功，魏國一定猛攻韓國；韓國形勢危急，一定會把自己的命運寄託於楚國，又怎麼敢索要兩地呢？如果打不贏，幾瑟僥倖不被殺死，恐怕現在就要逃到這裡了，又怎麼敢談到要土地呢？」楚王說：「好。」於是沒有降罪鄭強。

〈韓策二．韓公叔與幾瑟爭國，鄭強為楚王使於韓

英特爾總裁，安迪葛洛夫（Andy Grove），他在《十倍速時代》（*Only the Paranoid Survive*）一書中曾說：「沒有人欠你一份工作！」的確，工作是自己找的，飯碗當然也要自己保。淳于髡和鄭強巧妙的以藉口保住飯碗，「君子可欺以其方。」你可以不用找一個完美無瑕、無懈可擊的藉口，但你必須讓你的藉口合情合理。

如果你在編理由，那表示根本沒理由。小心點，一件事會和另一件事有關聯的。

第33計 讓老闆更有信心

一隻毛毛蟲總是在河邊遙望對面河岸，許多人笑牠：怎可能渡過這條河呢？可是毛毛蟲卻自信滿滿的，認為自己一定可以過得去。

有人問牠為何如此自信？牠嚴肅地回答：「等我變成蝴蝶，就可以飛過去了呀！」

＊＊＊

一個小孩聚精會神畫圖，老師看了在旁問道：「這幅畫真有意思，告訴我你在畫什麼？」

「我在畫鬼。」

「但沒人知道鬼長什麼樣子。」

「等我畫完，他們就知道了。」

職場上，你有信心是不夠的，你老闆不一定跟你一樣有信心。職務不同、立場不同，他考量的角度和深度也和你不同。不過，再怎麼廣角也會有死角，不管多有深度還是會不足，當局者迷，旁觀者清，《戰國策．魏策二》教你如何讓老闆更有信心。

犀首和齊將田盼想率齊、魏二國之兵討伐趙國，可是魏襄王和齊宣王都不贊

成。犀首不死心，繼續遊說兩國說：「只要兩國各派出五萬人，不用五個月就可攻下趙國。」

田盼知道了，就怪犀首說：「隨便低估敵我形勢，國家容易陷入危險；輕易獻上計策，自身容易困厄。閣下把擊敗趙國的事看得太簡單，恐怕會招來後患。」

「閣下真是不夠聰明。」犀首說：「這兩位君王本來就不願出兵，假如閣下又提到用兵艱難，嚇阻他們，讓他們打消念頭，這樣趙國就不用討伐，我們兩個人的計劃也報銷了。要是閣下乾脆說伐趙很容易，鼓動了兩國君王派兵伐趙，等到與敵接觸，要衝鋒陷陣的時候，齊王和魏王一看戰事危急，又怎麼會不加派軍隊給我們呢？」

「有道理。」田盼說。

田盼於是去鼓舞齊王和魏王採納犀首的計劃。犀首和田盼得到齊、魏各五萬的軍隊後，還沒有帶出國境，魏王和齊王都擔心會被打垮，又立刻動員全國軍隊緊隨在後面，終於大敗趙國。

～魏策二・犀首田盼欲得齊魏之兵以伐趙

＊＊＊

持平而論，犀首的作法有點冒險，大軍交戰，並非兒戲，豈可輕率攻之？但經過評估、審慎思量，再加上一點「賭一賭」的豪邁，終於讓齊王和魏王獲勝。

你就是老闆的軍師、救火隊、智囊。老闆越猶豫，你就要越果斷——判斷之後的果斷，非輕率之斷；老闆越粗疏，你就要越細膩、把事情以效率的手法處理得很精緻。

「如果你不確定，怎麼我聽起來你那麼確定？」

「我總是聽起來確定，那樣說話會顯得我很精明，同時隱藏我的不安全感。」

當然，讓老闆更有信心，不是毫無根據地漫天鬼扯，而是實事求是地洞悉心理。叔本華：「只有自己運用智慧，透過思考獲得的真理，才會成為自己身體的一部份，只有這樣的真理才真正屬於自己。」慢慢體會，你就知道，讓老闆更有信心是取得老闆信任的特效藥。

甘茂是最擅長讓老闆更有信心的。來看他在《戰國策．秦策二》裡的表現：

宜陽戰役，楚國背叛秦國而與韓國聯合，秦王有些害怕。甘茂說：「楚國雖然與韓國聯合，但不會替韓國出兵打秦。韓國也怕攻打秦國的時候，楚國會趁火打劫，背後發難。這樣，韓國和楚國必然互相觀望，不敢妄動。楚國雖然放話要跟韓國聯手；卻不會對秦國有多大的遺怨，因此我認為楚國與韓國之間將會互相制約的。」

～秦策二．宜陽之役楚叛秦而合於韓

這是甘茂冷靜、具體分析現況來讓他的老闆更有信心。又有一次，秦王對甘茂說：「楚國派來的使者大都能言善辯，與我爭論議題，我多次被弄得理屈辭窮，該怎麼樣對付他們呢？」甘茂回答說：「大王不用發愁！那些能言善辯的人來出使，大王不要聽他們的話；那些懦弱不善言辭的人來出使，大王一定要聽從他們的話。這樣，懦弱不善言辭的人受到任用；而能言善辯的那些人就不會被任用了！大王因此就可以控制他們了。」

這是甘茂提出實際可運用的方法來讓他的老闆更有信心。不要懼怕讓老闆更有信心，切記：野心是人體的膽汁。培養野心最重要的兩點：第一，**無可挽回的事，試著不去擔心**。第二，**揣測他人想法沒有意義，只是浪費時間**。雖然未經思索的生活，的確是不值得過的；但一直在那裡揣測他人想法，想太多，想到不敢做事也不對，因為不做任何事的痛苦更甚恐懼地做事。

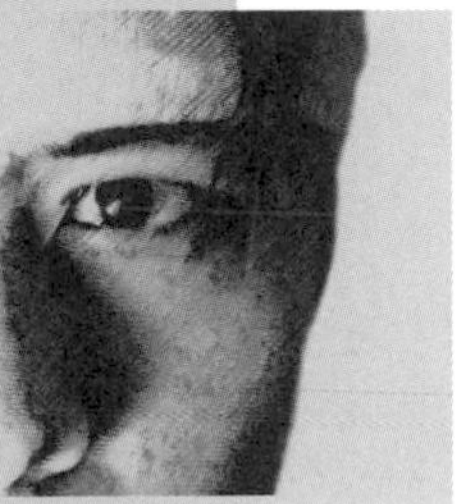

思考 7

水能載舟，也能煮粥

哪一種情況比較慘？

你離職的時候，同事緊握你的手？

還是你升職了，同事卻沒人理你？

我認為是你離職的時候同事卻沒人理你。

第34計 自我危機意識

・幻想出來的痛苦一樣可以傷人。
・要有危機意識：自己隨時會被取代。
・最不容易發現和激發的就是潛力。
・你能用金錢買到的愛情，別人也可以。

沒有人可以保證你的位置可坐得安安穩穩，就連你的老闆也不能。《戰國策・魏策四》的故事。

魏安釐王和龍陽君一起釣魚，龍陽君釣到十多條，卻哭了。安釐王看他一眼，很疼惜地問：「是不是哪裡不舒服？告訴我好嗎？」

「沒有啊！」龍陽君回答。

「那為什麼哭呢？」安釐王問。

「因為我就是大王釣到的魚。」

「這話是什麼意思呢？」

龍陽君說：「我剛釣到魚的時候，還滿高興的，後來又釣到更大的魚，就想把最初釣到的丟掉。現在我憑著醜陋的樣子，能有機會侍奉大王。很榮幸的，我的爵位已經被封為『君』，在朝中頗受朝臣禮敬，在街道上人們都要退避讓路。但是，天下美人必然很多呀！當他們聽到我在大王面前得到寵愛，一定會穿起漂亮的衣服趕到大王身邊來爭寵，到了那時，我就變成大王最先釣到的小魚。我一想到必將被拋棄，怎能不傷心流淚呢！」

「唉唷！這樣的憂慮，為什麼不早點跟我講呢？」安釐王憐惜地說。

於是安釐王就通令全國說：「有敢獻美人的，一律抄家滅族。」

～魏策四．魏王與龍陽君共船而釣

＊＊＊

一位女性朋友進入知名的公關企業，她的主管也是女性，而且還不到三十歲，在上班第一天就告訴她：「很不幸妳住在一個把外貌視為第一的星球，出色的外表不只是一種期待，更是一種必要。妳說我膚淺也好，可悲也好——美麗就是力量。這裡是地球，擁有姣好的外貌意味著妳已經加分了。」

龍陽君當然知道自己的出色外表給自己帶來什麼加分效果，但歲月不饒人，皺紋不饒女人。龍陽君也很清楚自己年老色衰之後會有何下場，所以乾脆先發制人，如果不能賣弄風情，假裝可憐，博取同情也好啊！

姣好面貌者彼此嫉妒外貌，就像職場上彼此嫉妒職務高低、薪資多寡、才華、得寵與否。嫉妒，職場最常見的情緒，職員奮發向上是因此，被人扯後腿、中傷攻擊也因此。人所有的情緒中，嫉妒是最固執、最長久的一種。別的情緒時有起落，但嫉妒卻會永無休止；不是嫉妒這個，就是嫉妒那個。英國哲學家羅素說：「在普通的人性特點中，嫉妒是最為可嘆可悲的。嫉妒者不僅希望別人遭受不幸，而且他自己也因為嫉妒而受到不幸。他不是從自己所擁有的一切裡汲取快樂，而是從他人擁有的東西中汲取痛苦。」

龍陽君不好好享樂於眼前，卻著眼於日後被取代的痛苦，看似杞人憂天，庸人自擾，但龍陽君的做法充分說明職場上自我危機意識的重要。

如果你愛你的職業，你工作起來會很輕鬆愉悅，你的地位當然重要。看看自己在職場有多重要，大家不妨自我評估一下在別人眼中的地位：

1. 自己不在，萬事皆休。（恭喜，主管級）

2.自己在比較好。（還不錯，參謀級）

3.自己在與不在都無關緊要。（可有可無，要加油了）

4.自己不在比較好。（地位已經很危險）

5.自己消失更好。（還不準備更新履歷？）

荷蘭西南部的三角洲，曾因五十年前的大洪水奪走兩千人的生命，新建築的防洪大水壩強度，是以一萬年才有可能發生的洪水或是颶風來作計算。但是充滿危機意識的荷蘭人總是說：「你怎麼能保證一萬年，不是明天？」

你怎麼能保證做到退休？沒有一個人不可被取代，這，正是保持自我危機意識的重要。

第35計 最恐怖的離職者

「你知道開車最需要注意的一件事是什麼嗎？」

「什麼？」

「別人也可能跟你一樣漫不經心。」

開車的人都有的經驗：就算自己小心到不撞別人，也難免被別人不小心撞到。有時候，在職場會莫名其妙被「要就同歸於盡，一起拖你下水」的人牽連到，實在是倒楣的無妄之災。《戰國策・燕策三》的故事。

齊臣張丑在燕國當人質，由於燕惠王想殺他，趕緊逃亡。當快逃出燕國邊境時，卻被邊防軍官逮住了。張丑對邊防軍官說：「燕王要殺我，因為有人放話說，我身上有價值連城的寶物。如果你害我被抓回去，燕王一定會問我寶物在哪，我就說已經丟掉了，燕王當然不信，死活要我拿出來。那我就說寶物被你搶走，吞進肚裡了！燕王一定會殺死你，剖開你的肚子，把你的腸子翻來翻去地尋找。唉！一個貪得無厭的國君，絕對不能和他扯上財貨的糾紛。我快要被腰斬而死，你的腸子也將被切成一寸一寸，真是冤枉透頂。」

那位燕國的邊防軍官一聽這話很恐慌，立刻把張丑放了。

～燕策三．張丑為質於燕

＊＊＊

當一個人豁出去的時候，要拖另一人下水其實不難。張丑當然不怕死，但守邊防的官員就沒這麼豁達了。「我死，你也別想活。」一句話就說到對方心坎裡，利用的正是職場上大家「多一事不如少一事」的普遍心態。不想惹上無妄之災，只好姑息，只好妥協。

離職並不恐怖，恐怖的是離職之後的相關效應，很多時候，不是離職就沒事了，因為離職者可能就是抱著「我走，也不讓你好過」的「同歸於盡」心態。

一個流行的網路笑話：

有三個旅人在森林裡被食人族抓到，關進牢裡。

一週後食人族把一個旅人抓出來，問：「給你一個最後的願望，因為你快要死了。」旅人回答：「我要大吃一頓！」於是食人族供應他美食。旅人吃完後，食人族把他的皮剝下來，做成一個人皮獨木舟。

一週後食人族又把另一個旅人抓出來，問：「你可以有一個最後的願望，說了再死。」旅人說：「我想要在死前跟美女好好享受一番！」於是食人族找來一些美女讓他享樂之後，也把他的皮剝下來，做成一個人皮獨木舟。

一週後食人族又把最後一個旅人抓出來，問：「你就要死了，但可以有一個最後的願望。」旅人說：「我要一個大叉子，像萬聖節裡惡魔拿的那種。」

食人族大笑，這個人快死了，他卻只要一個大叉子！於是給他一個大叉子，他一拿到那個叉子，就一邊猛刺自己一邊大叫：「你們永遠都沒法把我做成獨木舟的！」

明明是笑話，卻有點讓人笑不出來，微微有一股寒意。的確，想要又得不到，會讓人做出可怕的事。我們都有足夠的力量使人痛苦，即便是在不義之人眼中，一個不義之人還是很可怕的。

這就是最恐怖的離職者：我利益將隨身而盡，誰都無法取利。

「他是公司裡的錨。」

「什麼意思？」

「常常把別人拖下水。」

冷靜想想：有必要弄成這樣，玉石俱焚、兩敗俱傷的「雙輸」局面嗎？一個俄國寓言：

「唉！」老鼠嘆息說，「這個世界一天比一天變得更小了。起初是那麼大，大得教我害怕。我只得跑，不停地跑，最後當我遠遠地看到左右兩道牆時，我是多麼的高興，但是那兩道長長的牆卻很快地變得狹窄起來，使我如今身陷於這最後一間小屋子裡，角落裡還設了一個我不得不奔進去的捕鼠器。」

「你只須改變一下你的方向嘛！」貓說完話的同時把老鼠吃了。

為什麼我們常常弄成兩敗俱傷的「雙輸」局面，還一直往死路鑽？

從小我們被教育，我們要勇往直前。

勇往直前是對的，但是教育我們要勇往直前的人往往忘了教育我們：第一，確認方向是對的再勇、再前，方向是錯的，衝得再猛，也只是浪費時間和力氣，這是最重要也最常被人忽略的；第二，勇往直前不能再「前」的時候，要停頓，甚至要轉向。

停頓不是落後，是冷靜。

停頓不是觀望，是深沉。

轉向不是逃避，是變通。

轉向不是退縮，是向前。

打亂生活步調的，不只是瑣碎的事，重要的大事也會。我們一般都能很勇敢地面對生活中那些大的危機，卻常常被一些小事搞得垂頭喪氣。解決大危機時，不要「順便」製造了新的小危機。

「你對自己碰到無能為力的事有何感覺？」

「說不出來，請你教我。」

「你可以把牛牽到河邊，可是如果牠不渴，也許牠該晚一點再來。」

離職者最大的問題不在自以為解決了眼前的問題，而是沒看到離職之後更大、更難解決的問題。

第36計 無解循環的答案

職員一定會偶爾容忍不了上司，上司永遠可能對職員不滿，勞資雙方到底是誰出了問題？你問離職的職員，他說問題不是他；你問老闆，他保證自己絕沒問題。

誰都沒問題，那到底是誰出了問題？變成雞生蛋，蛋生雞的問題，無解的循環。看看職場裡「屹立不移」的人，讓人真的會忍不住想：「為什麼他不離職」這個問題其實比「他為什麼會離職」更值得思考。

《戰國策．齊策四》，管燕抱怨沒人跟他共患難，旁人提點了他。

齊人管燕得罪了齊威王，於是問左右食客說：「你們誰願意和我逃亡國外，投奔諸侯？」

沒有人回應。

管燕流著淚說：「可悲啊！士人為何易得而難用呢？」

田需忍不住告訴他：「士人每天三餐不繼，閣下的鵝和鴨卻有吃不完的白米飯；士人們連粗布衣都沒得穿，但你後宮美女穿著綾羅綢緞。你不看重財貨，士人只重生命；不把輕視的給士人，反而責備士人不把所重視的侍奉閣下。這並不是士人容易得到而難使用啊！」

～齊策四・管燕得罪齊王

＊＊＊

田需的話，似乎是站在職員的角度對老闆有所提醒：「你不對員工好，沒人為你賣命。」但是，對職員而言，也有一些人不是那麼習慣為老闆無條件賣命；也不是有一些人會那麼習慣地一有空就為老闆賣命。勞資雙方，當期待落空，所得遠小於付出，自然會有認知上的偏差，偏差久了，總是有一方要受傷。

俾斯麥是歐洲近代史上著名的「鐵血宰相」。在他任德意志宰相期間，對內對外實現強硬的鐵血政策，多次發動對鄰國的戰爭。一八九〇年因與新皇威廉二世政見不一被迫辭職。

出身普通的俾斯麥年輕時曾在普魯士擔任過文職工作，可這段經歷非常短暫，不盡人意，因為這期間他曾陷入情網不能自拔，加上債台高築，頻頻超假，最後他只得提出辭呈，這年他二十四歲。

五年後，俾斯麥仍然無處安身，試圖重操舊業，但幹了不到一個月，又辭職了，其原因據他稱是：「我這人總是容忍不了我的上司。」

「我這人總是容忍不了我的上司。」先別這樣，說不定你的上司看你更不順眼呢！來看主管開除職員最常見的十大理由：

1. 不在乎工作，一副無所謂的態度。
2. 沒有執行力，常常煩同事，問主管。
3. 執行力表現過頭，自作主張，搞不清誰是老闆誰是職員。
4. 發牢騷，嚼舌根，聊是非。
5. 扯後腿，有更好見解不在會議上提出，卻在會議結束後，背後揶揄老闆。
6. 遲到。上班遲到，開會遲到。
7. 不合群或搞小團體，破壞團隊和諧氣氛。
8. 浮誇，不踏實，沒有真才實學，卻愛裝懂。
9. 躲事。多一事不如少一事，最後保證你沒事——你被解雇了。
10. 背叛。不誠實，公司花資源培養人才，最後換來背叛。

進入職場，除了餬口，相信每個人或多或少還是有所期待的。誰不希望自己的才華發揮之後被賞識？誰不希望做自己喜歡的事又可以領到自己滿意的薪資？

進入職場，一圓夢想。誰人無夢？人因夢想而偉大，任何夢想只有當它還是夢想的時候才偉大。

光有夢想還不夠，還要有履行夢想的方法。

光有方法還不夠，還要有執行方法的步驟。

光有步驟還不夠，還要有變換計畫的靈活。

光有靈活還不夠，還要有忍受失敗的堅忍。

光有堅忍還不夠，還要有養成堅忍的習慣。

對，就是習慣。習慣是一種專注，一種全心全意的專注，一種自我產生力量的專注。光有夢想是不夠的，要把實現夢想當成一種習慣。習慣會成自然，我們才會自然而然把失敗、挫折、困難、倦怠感視為必然而繼續下去。

自然下去，就不會覺得累，就不會覺得好像離夢想越來越遠。

我們又不是原地不動，也在一直前進，方向也沒有偏離，那就表示其實我們離夢想越來越近。

有限的生命讓人了解到：人生有很多小小的、平凡的夢想，但只要一不小心，這些平凡的夢想就永遠無法實現。

我們的反應有時簡直遲鈍得可笑，也許你一直都在尋找自己的容身之處，但你卻沒有意識到自己早已身在其中。「為什麼他不離職」這個問題其實比「他為什麼會離職」更值得思考。

我們看錯了世界，卻一直抱怨世界不公平。

沒錯，我們就是這樣。

國家圖書館出版品預行編目資料

工作必勝！！戰國策／王竹語著.—— 初版. ——臺中市　：好讀, 2007[民96]
面：　公分，——（經典智慧　：051）
ISBN 978-986-178-057-3（平裝）

1. 戰國策 2. 研究考訂 3. 職場成功法 4. 謀略

494.35　　96014877

好讀出版

經典智慧 051

工作必勝!!戰國策

作　　者／王竹語
總 編 輯／鄧茵茵
文字編輯／陳詩恬
美術編輯／許秋山
行銷企畫／許碧真

發行所／好讀出版有限公司
台中市407西屯區何厝里19鄰大有街13號
TEL:04-23157795　FAX:04-23144188
http://howdo.morningstar.com.tw
（如對本書編輯或內容有意見，請來電或上網告訴我們）
法律顧問／甘龍強律師
承製／知己圖書股份有限公司 TEL:04-23581803

總經銷／知己圖書股份有限公司
http://www.morningstar.com.tw
e-mail:service@morningstar.com.tw
郵政劃撥：15060393 知己圖書股份有限公司
台北公司：台北市106羅斯福路二段95號4樓之3
TEL:02-23672044　FAX:02-23635741
台中公司：台中市407工業區30路1號
TEL:04-23595820　FAX:04-23597123

初版／西元2007年9月15日
定價：200元
如有破損或裝訂錯誤，請寄回知己圖書更換

Published by How-Do Publishing Co., Ltd.
2007 Printed in Taiwan

ISBN 978-986-178-057-3

讀者回函

只要寄回本回函，就能不定時收到晨星出版集團最新電子報及相關優惠活動訊息，並有機會參加抽獎，獲得贈書。因此有電子信箱的讀者，千萬別吝於寫上你的信箱地址

書名：工作必勝!!戰國策

姓名：______________ 別：□男 □女 生日：____年____月____日

教育程度：________________________

職業：□學生 □教師 □一般職員 □企業主管

□家庭主婦 □自由業 □醫護 □軍警 □其他______________________

電子郵件信箱（e-mail）：_______________________ 電話：________________

聯絡地址：□□□ ____

你怎麼發現這本書的？

□書店 □網路書店（哪一個？）__________________ □朋友推薦 □學校選書

□報章雜誌報導 □其他____

買這本書的原因是：____

□內容題材深得我心 □價格便宜 □ 面與內頁設計很優 □其他_____________

你對這本書還有其他意見嗎？請通通告訴我們：

____

你買過幾本好讀的書？（不包括現在這一本）

□沒買過 □1～5本 □6～10本 □11～20本 □太多了

你希望能如何得到更多好讀的出版訊息？

□常寄電子報 □網站常常更新 □常在報章雜誌上看到好讀新書消息

□我有更棒的想法____

最後請推薦五個閱讀同好的姓名與E-mail，讓他們也能收到好讀的近期書訊：

1. ____

2. ____

3. ____

4. ____

5. ____

我們確實接收到你對好讀的心意了，再次感謝你抽空填寫這份回函

請有空時上網或來信與我們交換意見，好讀出版有限公司編輯部同仁感謝你！

好讀的部落格：http://howdo.morningstar.com.tw/

請填妥後對折黏貼，直接投郵即可，無須貼郵票。

廣告回函
臺灣中區郵政管理局
登記證第3877號
免貼郵票

好讀出版有限公司　編輯部收

407 台中市西屯區何厝里大有街13號

電話：04-23157795-6　傳真：04-23144188

沿虛線對折

買好讀出版書籍的方法：

一、先請你上晨星網路書店http://www.morningstar.com.tw檢索書目或直接在網上購買

二、以郵政劃撥購書：帳號15060393 戶名：知己圖書股份有限公司並在通信欄中註明你想買的書名與數量

三、大量訂購者可直接以客服專線洽詢，有專人為您服務：客服專線：04-23595819轉230 傳真：04-23597123

四、客服信箱：service@morningstar.com.tw

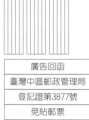